暖化

尚無定論

氣候科學告訴或沒告訴我們的事，
為什麼這很重要？

Steven E. Koonin
史蒂文‧庫寧 著
紀永祥 譯

感謝我的許多導師，他們教導我科學誠信的重要。

目錄

推薦序

台灣能源部落格版主、前吉興工程顧問公司董事長　陳立誠

　　全球溫度上升了嗎？當然。大氣中二氧化碳濃度增加了嗎？當然。二氧化碳濃度增加是因為人類碳排嗎？當然。以上幾點科學界沒有異議，但以下推論爭議就很大了。

　　溫升完全是因為二氧化碳濃度增加嗎？未必。暖化已造成全球氣候變遷？沒有證據。電腦模擬未來溫升可靠嗎？不見得。電腦模擬未來氣候變遷可信嗎？差得遠。暖化會對經濟造成嚴重影響嗎？沒的事。暖化會對人類社會造成嚴重衝擊嗎？別扯了。

　　大多數人看到以上爭議必定極為驚訝。如果你是其中一員，抱歉，你已被嚴重洗腦。國外討論暖化爭議的書籍汗牛充棟，但極少有中文翻譯，台灣是正確暖化知識的沙漠。本書的出版，填補了此一巨大空白。

　　竟然有人敢對暖化提出異議？太不可思議了。作者何人？有什麼資格挑戰「早已定案」，人人皆知對人類文明將造成重大衝擊的暖化威脅？

　　作者庫寧（Koonin）是極負盛名的物理學家，曾任加州理工學院副校長，也曾擔任歐巴馬政府能源部科學副部長。作者長期研究氣候及能源議題，對目前全球對暖化的嚴重誤解，實在看不下去。因此他不計個人毀譽，挺身而出，挑戰洗腦全球的極端暖化威脅論。

　　作者先討論暖化的科學，解釋電腦模型與觀測不符及模型失敗的原因。由科學角度引用正確數據，針對許多研究報告關於溫升、颶風、降雨、乾旱、火災及海水上升的誇張報導，提出了嚴厲的批評。作者進一步解釋為何暖化對人類健康、糧食生產及經濟發展的影響都極為渺小。

　　為何全球陷入如此嚴重的暖化恐慌？可歸咎於陰謀論嗎？作者不認為如

此。本書可貴之處在於作者經由親身體驗，就近觀察，解釋媒體、政客、科學家、科學機構及環保團體的個別責任，使暖化威脅誤導陷入今日的惡性循環，是造成目前全球陷入「氣候恐慌症候群」的原因。

為什麼你非讀這本書不可？有兩個原因：一方面能源是提供社會正常運轉最重要的支柱，但錯誤的暖化認知對台灣造成極為惡劣的影響。政府目前強推的2050年淨零碳排，意圖削減支撐台灣社會穩定運作的化石燃料使用，而改以再生能源取代化石燃料的迷思會將台灣帶向萬劫不復的險境，每個人都會受到巨大影響。

另一方面人類社會很少發生全面遭受洗腦的情形。為何全球暖化、氣候變遷在科學上有極多漏洞，竟成了全球顯學？這種情況極少發生，有機會了解此一極為特殊「病歷」的來龍去脈，不會引起你的好奇心？

本書由科學層面破除暖化迷思，可以輔以另一本從經濟層面破除暖化迷思的巨著：《扭曲的氣候危機》。該書引用諾貝爾經濟獎得主，氣候經濟學之父，耶魯大學諾德豪斯教授（Nordhaus）之氣候經濟模型，得出以溫升3.5攝氏度作為減碳目標才合於成本效益分析之結論。

在民主社會，只有更多人了解真相，才能扭轉將台灣帶入深淵的錯誤氣候能源政策。讀完本書後，勿忘推薦你的全部友人。

各界讚譽

「市面上有太多全球暖化書籍，但本書正是我們需要的。史蒂文‧庫寧有資歷、專業知識和經驗來提出正確問題並給出真實的答案。」

——曼尼托巴大學（University of Manitoba）名譽教授
瓦茨拉夫‧斯米爾（Vaclav Smil）。

「《暖化尚無定論》是本關於氣候科學，及其內在複雜性和不確定性的優秀案例研究，解釋決策過程中的篩檢過程誤導了氣候政策辯論的警世故事。本書應該成為科學家和工程師的必讀書籍，身為公民，他們的責任應跨出實驗室，與經常被媒體淹沒和迷惑的廣大公眾進行溝通。政策制定者和政治人物將發現本書是他們的論點、立場和決策的思考來源。

——加州理工學院（Caltech）榮譽校長讓－盧‧沙莫（Jean-Lou Chameau）

「必要的閱讀，是氣候政策一股及時的新鮮空氣。氣候科學既沒有定案，也不足以指導政策。我們面臨的不是生存危機，而是棘手的問題，需要對成本和收益進行務實的平衡。」

——約翰‧甘迺迪政府學院（Harvard Kennedy School）全球能源政策教授
威廉‧霍根（William W. Hogan）。

「一位政治科學家對氣候政治的坦率言論，以及對實際事況發展的展望。」

——史丹佛大學（Stanford University）物理學教授
羅伯特‧勞夫林（Robert B. Laughlin）。

「歐巴馬政府的科學副部長史蒂文・庫寧寫了一本關於氣候非常有趣且思慮周密的書。他記錄了許多你認為的氣候知識實際上並非如你所想像。你知道嗎，雖然美國現在的低溫紀錄減少了許多，但破紀錄高溫紀錄卻沒有增加？《暖化尚無定論》肯定會對你的氣候思想造成困擾，但都是為了更好的發展。如果我們要進行數兆美元的投資，那我們應盡可能地瞭解實際情況。」

——哥本哈根共識（Copenhagen Consensus）組織主席、史丹佛大學胡佛研究所（The Hoover Institution）訪問學者比約恩・隆堡（Bjørn Lomborg）

導言

「**科學**」，我們都應知道「**科學**」的說法。大家都告訴我們，「**科學**」已有定論。你聽過多少次這種說法？

> 人類已經破壞了地球的氣候。氣溫上升中，海平面上升中，冰原消失中，熱浪、風暴、乾旱、洪水和野火是世上越來越嚴重的禍患。溫室氣體排放是這一切的罪魁禍首。除非澈底改變社會及能源系統來迅速消滅溫室氣體，否則「**科學**」說地球注定要毀滅。

嗯……不完全如此。是的，全球正在暖化，而且人類正影響暖化，這是事實。但除此之外——套用經典電影《公主新娘》（*The Princess Bride*）的說法：「我認為『**科學**』說的並非如你所理解的。」

例如，總結和評估氣候科學狀況的研究文獻和政府報告都明確表示，當前美國熱浪**並不比**1900年時**更常見**，而且美國最高溫在過去五十年中沒有提高。當我告訴人們這些事實時，大多數人都感到難以置信，有些人深感訝異，而有些人則是徹頭徹尾地敵視。

但上述幾乎肯定不是你沒有聽說過的唯一氣候事實。還有三個可能讓你吃驚的氣候事實，直接來自最近發表的研究或美國政府和聯合國發表的最新氣候科學評估：

● 在過去的一個世紀裡，人類對颶風沒有產生可察覺的影響。
● 當前格陵蘭島冰層並沒有比八十年前收縮得更快。
● 至少到本世紀末前，人類引起的氣候變化的淨經濟影響將是微乎其微的。

這是為什麼呢？

如果你像多數人一樣，在驚訝過後，你會好奇**為什麼**你感到訝異。為什麼你以前沒有聽說過這些事實？為什麼它們與現在幾乎成了迷因的說法不一致：「我們已經破壞了氣候，除非我們改變生活方式，否則必將面臨厄運。」

大部分的脫節來自於漫長的傳話遊戲，從研究文獻開始，到評估報告，到評估報告的總結，再到媒體報導。在資訊經過一次又一次的篩檢過程，為不同受眾進行包裝的過程中，有太多出錯機會潛藏其中——無論是無心或是有意的。公眾幾乎只從媒體上獲得氣候資訊；很少有人真正閱讀評估摘要，更不用說報告和研究論文本身。這完全可以理解——數據和分析對於非專業人士來說是難以理解的，而且文字本身也不完全引人入勝。因此，大多數人並未看到全貌。

但不要感到難過。不僅僅是公眾不瞭解關於氣候的科學說法，政策制定者也不得不依賴那些在到達他們手中時已經被打過幾次折扣的資訊。因為大多數政府官員和其他參與公共與私營部門氣候政策的人本身並不是科學家，所以科學家要確保做出關鍵政策決定的非科學家們，得到準確、完整和透明對於氣候變化的已知（和未知）情況，一個不被「意圖」或「陳述」扭曲的情況。不幸的是，要把事態講清楚並不如聽起來那麼容易。

我知道，這曾經是我的工作。

我的背景

我是名科學家，我的工作是經由測量和觀察來瞭解這個世界，然後將令人興奮與別具意義的成果清楚地傳達出去。在職業生涯早期，我熱衷於使用高性能的電腦模型研究原子和原子核領域的深奧現象（電腦模型也是許多氣候科學領域的重要工具）。但從2004年開始，我花了大約十年的時間將同樣的方法用於研究氣候及其對能源技術的影響。我首先於BP石油公司擔任首席科學家，專注於推動可再生能源，然後擔任歐巴馬政府能源部的科學副部長，任內我協助指導政府在能源技術和氣候科學的撥款。我在這些角色中獲得了極大的滿足感，幫助界定和促進減少二氧化碳排放的行動，這是一致同意「拯救地球」的要務。

但隨後疑慮開始產生。在2013年底，我被美國物理學會（American Physical Society, APS）——美國物理學家的專業組織——要求帶領更新其關於氣候的公開聲明。作為這項工作的一部分，我在2014年1月召開了研討會，具體目標是對氣候科學的狀態進行「壓力測試」。用白話說就是分析、批判和總結人類對地球氣候的過去、現在和未來的知識累積。六位頂尖的氣候專家和六位頂尖的物理學家，包括我在內，花了一天時間仔細研究我們對氣候系統的確切瞭解，以及我們能如何自信地預測未來氣候。為了聚焦討論，我們這些物理學家在之前的兩個月裡，根據剛剛發布的聯合國評估報告準備了一份框架文件，[1]我們提出了一些具體而關鍵的問題，大致如下：**哪裡的數據不完備，哪些假設並無有力支持，這有關係嗎？我們用來描述過去和預測未來的模型可靠性如何？**許多讀過研討會紀錄的人都被它成功——且不尋常地——帶出了當時科學的確定性和不確定性而感到震驚。[2]

就我而言，APS研討會結束時，我不僅感到驚訝，而且對氣候科學遠非我所想像那麼成熟無比震撼。以下是我的發現：

● 人類對氣候暖化的影響與日俱增，但物理層面上微不足道。氣候數據的缺陷，挑戰了我們由知之甚少自然變化中，將氣候因人類影響的反應梳理出來的能力。

● 眾多氣候模型的結果與許多觀察結果不一致，模型甚至相互矛盾。語焉不詳的「專家判斷」有時被用來調整模型的結果和掩蓋缺點。

1 Climate Change Statement Review Subcommittee. "American Physical Society Climate Change Statement Review Workshop Framing Document." American Physical Society, December 20, 2013. https://www.aps.org /policy/statements/upload/climate -review-framing.pdf.

2 Koonin, Steven E. American Physical Society Climate Change Statement Review Workshop transcript. Brooklyn, NY: American Physical Society, 2014. https://www .aps.org/policy/statements/upload/ climate-seminar-transcript.pdf.

- 政府和聯合國的新聞稿和摘要並沒有準確反映報告本身。專家會議在一些重要問題上達成了共識，但完全不是媒體所宣揚的強烈共識。著名的氣候專家（包括報告作者本人）對一些媒體描繪的科學感到尷尬。這多少有些令人驚愕。

- 簡而言之，科學不足以對未來幾十年氣候將如何變化做出有效的預測，更不用提我們的行動將對氣候產生什麼影響。

為什麼這些關鍵缺陷會給我和其他人帶來如此大的啟示？身為科學家，我覺得科學界沒有負責任地向公眾把全部真相說清楚，讓人失望。而身為公民，我擔心公眾和政治辯論被誤導。因此我開始以公開的方式大聲疾呼，在當年9月的《華爾街日報》（*Wall Street Journal*）上發表了兩千字的〈週六隨筆〉（*Saturday Essay*）。[3]文中我概述了氣候科學中的一些不確定性，並認為忽視這些不確定性會阻礙我們理解和應對氣候變化的能力。

> 政策制定者和公眾可能希望在氣候科學中獲得確定性的安慰。但我擔心，死板地宣揚氣候科學已有「定論」（或者是個「騙局」）的想法，會貶低和冷落科學事業，延緩學界在這些重要問題上的進展。不確定性是推動科學的主要動力，我們必須嚴肅以待。

這篇文章在網上引起了數以千計的評論，其中絕大多數都是支持的。然而，我對氣候科學現狀的坦率態度在科學界卻不大受歡迎。正如一個備受尊敬的大學地球科學系主任私下對我說的：「我幾乎完全同意你的文章，但我不敢在公開場合這麼說。」

許多科學界的同事，其中一些是我幾十年的朋友，對我強調氣候科學的「問題」感到憤慨，正如他們其中一人所說：「為否認暖化者提供了彈藥」，

3　Koonin, Steven E. "Climate Science Is Not Settled." *Wall Street Journal*, September 19, 2014. https://www.wsj.com/articles/climate-science-is-not-settled-1411143565.

感到極其憤怒。另一位朋友責備我說，把我的文章發表在名不見經傳的科學期刊上就算了，但卻發表在有這麼多讀者的平臺上。還有一位著名的「科學已有足夠定論」觀點的捍衛者對我的專欄文章發表回應，一開始就要求紐約大學重新考慮我的教職，接著扭曲許多我的文章內容；但令人費解的是，他承認我提到的大多數不確定因素都是眾所周知的，而且在專家中獲得許多討論。[4]似乎如此直截了當地公開強調這些不確定因素，我無意中打破了一些沉默的準則，就像黑手黨的**緘默法則**（omerta）。

自APS研討會以來，六年多的研究使我對氣候和能源的公開討論越來越感到失望。氣候危言聳聽已經主導了美國政治，特別是在我長期以來政治上最感到安心民主黨中。在2020年的民主黨總統初選中，每位候選人都試圖超越對方，對「氣候緊急狀態」和「氣候危機」的過度聲明越來越脫離科學。選舉前的準備工作也見證了越來越全面的政策建議，如綠色新政（Green New Deal），將以政府干預和補貼的方式來「應對氣候變遷」。毫不意外，拜登政府已將氣候和能源作為主要優先事項，任命前國務卿約翰・凱瑞（John Kerry）為氣候特使，並提議花費近兩兆美元來對抗這項「對人類生存的威脅」。

雖然我對「綠色新政」（Green New Deal）等提案的財政和政策優點沒有宏達見解——我是物理學家，而非經濟學家——但我知道，任何政策都該基於科學對氣候變化的實際描述。減少人類對氣候影響的數兆美元決定，歸根結底是價值觀：風險容忍度、世代之間和地域公平，以及經濟發展、環境影響和能源成本、可用性和可靠性之間的平衡。但必須以對科學確定性和不確定性的準確理解為依據。

本書試著讓我們走上理解之途。我打算以科學家所知的唯一方式來完成：用記錄在案的事實，來自最新的官方評估或高品質的研究文獻，並在適當的脈絡下呈現。正如國會良心、已故眾議員約翰・路易斯（John Lewis）在第一次

---

4   Pierrehumbert, Raymond T. "Climate Science Is Settled Enough." *Slate*, October 1, 2014. https://slate.com/technology/2014/10/the-wall-street-journal-and-steve -koonin-the-new-face-of-climate-change-inaction.html.

彈劾川普總統的演講中所言：[5]

> 當你看到一些錯誤、不義、不公平的事情時，你有道德義務去說些什麼，做些什麼。

────

　　我已故的加州理工學院同事理查・費曼（Richard Feynman）是20世紀最偉大的物理學家之一，他以研究的創造性和重要性（包括獲得諾貝爾獎的量子電動力學研究）而聞名。他的玩世不恭、表演技巧和講好故事的能力也是使他成為傳奇人物的原因之一。他是具有非凡知識內涵的卓越人物。

　　我是被費曼吸引到加州理工學院許多有抱負的物理學家之一。在我於1968年秋天到達之前，我已經把他精彩的「紅皮書」系列物理學講座從頭到尾讀了好幾遍。我在加州理工學院的四年本科生活與《宅男行不行》（The Big Bang Theory）中差不多，只是沒有笑料。亮點包括一些與費曼的一對一對話（他喜歡與年輕科學家互動），以及在我第一年與這位偉人本人打邦哥鼓（bongo drum）的難忘經歷。

　　科學誠信（Scientific integrity）是加州理工學院的核心精神。從進入校園的第一天起，科學誠信的重要性就給新生們留下了深刻的印象，而費曼絕對的智性誠實（intellectual honesty），向學生和教師展示了科學誠信對科學家的意義是什麼。在1974年的加州理工學院畢業典禮上，他發表了現在知名的〈貨物崇拜科學〉（Cargo Cult Science）[6]演說，主題是科學家必須採取嚴格的態度，以避免不僅自欺，而且欺人。

────

[5]　Karanth, Sanjana. "Rep. John Lewis Delivers Emotional Speech on the 'Moral Obligation' to Impeach Trump." *HuffPost*, December 18, 2019. https://www.huffpost .com/entry/rep-john-lewis-emotional-speech-moral-obligation-impeach-trump_n_5dfaa5fee4 b01834791ab306.

[6]　Feynman, Richard P. "Cargo Cult Science." Caltech 1974 commencement address, June 1974. http://calteches.library.caltech.edu/51/2/CargoCult.htm.

　　總而言之，這個理念就是要努力提供所有的資訊，協助他人判斷你的貢獻之價值；而非只提供往某一特定方向判斷的資訊。

　　解釋這個理念的最簡單方法就是進行對比，比如說，與廣告對比。昨晚我聽到一則韋森食用油（Wesson Oil）不會浸透食物的廣告。嗯，這是真的，並無不實；但我說的不僅僅是不誠實的問題，而是科學誠信問題，這是另一個層次。應該加入這則廣告中的事實是，如果在一定溫度下烹飪，沒有任何油會浸透食物。如果在另一溫度下烹飪，所有油都會浸透食物——包括韋森食用油。因此，這則廣告所傳達的是暗示，而非全部的事實，其中差異是我們必須處理的。

　　對氣候科學的大部分公開描述都存在費曼的韋森油問題——為了說服而非提供資訊，所提供的資訊要麼隱瞞基本背景，要麼隱瞞不「合適」的內容（巧合的是，與食用油一樣，主要都是溫度問題）。

　　我見過的多數氣候研究人員都以客觀和嚴謹的態度從事他們的工作，這在每個科學領域都很正常。但是，由於氣候變化的潛在影響是對人類生存本身的威脅，這個問題引發激情和情緒合情合理。有些人認為，如果些許錯誤的資訊有助於「拯救地球」，那就沒有什麼害處。事實上，類似用語（無論多麼不恰當或不準確）被用來描述利害關係時，也許部分氣候科學家在與公眾溝通時不大客觀也就不足為奇。已故的傑出氣候研究者史蒂芬・施奈德（Stephen Schneider），早在1989年就已坦承：[7]

　　　一方面，身為科學家，我們在道德上受到科學方法的約束，實際上是承諾陳述事實，全部事實，別無其他，這代表必須包括所有的「懷疑」、「條件限制」、「如果」、「以及」，和「但是」。另一方面，我們不僅是科學家，也是一般人。與多數人相同，我們希望看到世界變得更

7　　Schneider, Stephen H. "The Roles of Citizens, Journalists, and Scientists in Debunking Climate Change Myths." *Mediarology*, 2011. https://stephenschneider.stanford.edu/Mediarology/Mediarology.html.

美好，在此背景之下，意味著我們要努力減少潛在災難性氣候變遷的風險。要做到這點，我們需要得到廣泛的支援，以喚起公眾的想像力。當然，這需要大量的媒體報導。因此，我們必須提供可怕的情境，發表簡化、引人注目的聲明，並且避免提及可能存在的任何疑問。我們經常發現自己處於「雙重道德束縛」，這無法以任何公式解決。我們每個人都必須決定在有效和誠實之間的正確平衡點在哪。我希望可以兩者兼顧。

其他許多人也提出了類似觀點，或對施奈德「雙重束縛」的黑暗面進行了評論。例如：

● 「真相是什麼並不重要，重要的是人們相信什麼是真相。」── 保羅‧華生（Paul Watson），綠色和平（Greenpeace）聯合創始人。[8]
● 「我們必須駕馭全球暖化問題。即使全球暖化的理論是錯誤的，我們在經濟和環境政策方面也會做正確的事。」── 蒂莫希‧沃斯（Timothy Wirth），聯合國基金會（UN Foundation）主席。[9]
● 「一些和我有相同疑慮的同事們認為，讓我們的社會改變的唯一方法，就是以災難的可能性來嚇唬民眾，因此科學家言過其實是被允許的，甚至是必要的。他們告訴我，我對公開和誠實評估的信念太過天真。」──丹尼爾‧博特金（Daniel Botkin），加州大學聖塔芭芭拉分校（University of California at Santa Barbara）環境研究的前主席。[10]

因此，媒體上充滿了可怕的氣候預測。以下有幾則已被證明錯誤的舊

[8] Spencer, L., Jan Bollwerk, and Richard C. Morais. "The not so peaceful world of Greenpeace." *Forbes*, November 11, 1991. Full article at http://luna.pos.to/whale/gen_art green.html.

[9] Bell, Larry. "In Their Own Words: Climate Alarmists Debunk Their 'Science.'" *Forbes*, February 6, 2013. https://www.forbes.com/sites/larrybell/2013/02/05/in -their-own-words-climate-alarmists-debunk-their-science/.

[10] Botkin, Daniel B. "Global Warming Delusions." *Wall Street Journal*, October 18, 2007. https://www.wsj.com/articles/SB119258265537661384.

預測：

- 「（不採取行動將導致）⋯⋯在世紀之交（2000年），一場生態災難將見證澈底的毀壞，與任何核浩劫一樣不可逆轉。」——穆斯塔法·托爾巴（Mostafa Tolba），聯合國環境規劃署前執行主任，1982年。[11]
- 「（幾年之內）冬季下雪（英國）將成為非常罕見和驚喜的事。孩子們將不會知道雪為何物。」——大衛·維納（David Viner），資深研究科學家，2000年。[12]
- 「到2020年時，隨著英國陷入西伯利亞氣候（Siberian climate），歐洲城市將淹沒在上升的海平面之下。」——馬克·湯森（Mark Townsend）和保羅·哈里斯（Paul Harris），引用《衛報》（*The Guardian*）上五角大廈的報告，2004年。[13]

儘管施奈德後來花了很多功夫來解釋「雙重道德束縛」的說法，但我認為他的基本前提是危險的錯誤。在「有效和誠實之間的正確平衡點為何」方面不應存有任何疑義。對於科學家來說，即使考慮故意誤導政策討論以服務於他們認為是道德的目標，都是極度狂妄。這在其他情況中似乎是顯而易見：例如，如果發現科學家因其宗教信仰而歪曲有關節育的數據，想像一下大眾會有多憤怒。

美國國家科學院前院長菲利普·韓德勒（Philip Handler）在1980年一篇社論中點出此問題，在四十年後引發強烈迴響：

---

[11] Shabecoff, Philip. "U.N. Ecology Parley Opens Amid Gloom." *New York Times*, May 11, 1982. https://www.nytimes.com/1982/05/11/world/un-ecology-parley-opens-amid-gloom.html.

[12] Onians, Charles. "Snowfalls Are Now Just a Thing of the Past." *Independent*, March 20, 2000. https://web.archive.org/web/20150912124604/http://www.independent.co.uk/environment/snowfalls-are-now-just-a-thing-of-the-past-724017.html.

[13] Harris, Paul, and Mark Townsend. "Pentagon Tells Bush: Climate Change Will Destroy Us." *Guardian*, February 22, 2004. https://www.theguardian.com/environment/2004/feb/22/usnews.theobserver.

> 科學界的困難來自於混淆了科學家身為科學家的角色，以及科學家作為
> 公民的角色，混淆了科學家的道德準則和公民的義務，模糊了科學問題
> 本身和政治問題本身之間的區別。當科學家們沒有意識到這些界限時，
> 他們自己的意識形態信仰（通常是不言而喻的）很容易混淆了看似科學
> 的辯論。[14]

科學家的獨特角色帶來了特殊的責任。我們是唯一能將客觀科學帶入討論的人，而**這正是**我們首要的道德義務。如同法官，我們有義務在工作中擱置個人情感。如果做不到這點，我們就篡奪了讓公眾做出知情選擇的權利，並破壞他們對整體科學的信心。科學家作為活動家一點也沒有錯，但假冒科學的活動主義是惡劣的。

我們科學家不應該推銷食用油。

關於本書

《暖化尚無定論》講述兩個相關部分。第一部分是關於氣候變化的科學，而第二部分是關於社會可以對這些變化做出的反應。

第一部分首先澄清了社會對氣候科學提出的重要問題——氣候已經如何變化、未來將如何變化，以及這些變化的影響是什麼。我還提供了一些關於官方評估報告的基本資訊，我們期待從中獲得上述問題的解答。

為了理解為什麼現在氣候會發生變化以及未來可能會發生什麼變化，我們需要知道氣候在過去是如何變化的，第一章從科學本身入手，對此進行了探討。這一章解釋了獲得數十年年地球氣候（與氣象不同）高品質觀測的重要性和挑戰；還回顧了地球暖化的一些跡象，並將之放在地質脈絡中討論。

第二章首先談到地球的溫度是如何產生的——來自溫暖的陽光和熱輻射冷

---

[14] Handler, Philip. "Public Doubts About Science." *Science*, June 6, 1980. https://science.sciencemag.org/content/208/4448/1093.

卻之間的微妙平衡。我們將看到兩者的平衡被人類和自然的影響所擾動，其中溫室氣體發揮了重要作用。由於氣候非常敏感，我們需要準確（accurate）和精確地（precise）瞭解這些影響因素，以及它們是如何隨時間變化的。

　　人類對氣候最重要的影響是大氣中二氧化碳（CO_2）濃度的增加，主要是由燃燒化石燃料產生。這是第三章的重點——特別是，二氧化碳排放和濃度之間的關聯，使甚至單單穩定人類增長影響的前景都堪虞。

　　模擬氣候如何對人類和自然影響做出反應的電腦模型是第四章的主題。根據我半個世紀以來對科學計算的參與，以及撰寫相關教科書的經歷，我們將瞭解電腦模型如何運作，能告訴我們什麼，以及它們的一些缺陷。這數十個複雜的模型是科學家們用來進行預測，也是媒體在報導中所引用的——然而，電腦模型給出的結果不僅彼此之間存有很大差異，而且與觀察結果也出入頗巨（也就是說，電腦模型在一些方面是正確的，但在許多其他方面是錯誤的）。事實上，每一代模型的結果都變得更加不同。換句話說，隨著模型變得更加精細，它們對未來的描述也變得更不確定。

　　第五章及隨後四章是處理科學與盛行的「人類已經破壞氣候」這觀念之間的矛盾，探討事實與流行觀念相牴觸的領域（並探究這些差異的來源）。第五章的重點是美國的創紀錄高溫——它們並不比1900年更常見，然而你不會由所謂權威評估報告的失實陳述中知道這點。第六章同樣解釋了為什麼專家們得出，人類的影響沒有造成颶風的任何可觀測變化的結論，以及評估報告如何掩蓋或歪曲這項發現。在第七章中，我描述了過去一個世紀中降雨量和相關現象的少許變化，討論了它們的重要性，並強調了一些可能會讓關注新聞的人感到驚訝的觀點，例如自1998年開始觀測以來，全球每年被火焚毀的面積減少了25%。

　　第八章對海平面進行冷靜的分析，在過去的數千年中，海平面一直在上升。我們將解開我們對人類影響目前海平面上升速度（大約每世紀一英尺）的真正瞭解，並解釋為什麼很難相信洶湧的大海很快就會淹沒沿海地區。第九章涵蓋了經常被引用的氣候變遷影響（死亡、饑荒和經濟崩潰），這些敘述突顯於歷史紀錄和評估報告的預測，但在報告本身並沒有這些事證。

在表明科學並不支持絕大多數流行討論中所描述的內容之後，我在第十章中提出「誰破壞了科學？」——為什麼科學以如此糟糕的方式傳達給決策者和公眾。我們將看到對「氣候危機」的過度描述是如何滿足不同參與者的利益，包括環境鼓吹家、媒體、政治人物、科學家和科學機構。第十一章是第一部分的結尾，探討我們如何改善氣候科學的溝通和理解，包括對評估報告的（「紅隊」，Red Team）審查，媒體報導的最佳實踐，以及非專家可以做什麼，以成為對所有科學媒體（特別是關於氣候的）更瞭解及更具批判思考的消費者。

第二部分開始討論如何應對，區分社會**可以**做什麼、**應該**做什麼，以及**將**做什麼來應對氣候變化，這是三個完全不同的問題，卻經常被混為一談，即使是專家也是如此。第十二章探討減少人類對氣候影響方面的巨大挑戰，包括在實現《巴黎協定》目標上缺乏進展，以此闡明**意願**問題。第十三章經由討論在美國建立「零碳」能源系統所需的巨大變化，對**可能**的問題進行闡述。應對部分在第十四章探討「備用計畫」戰略後結束，「備用計畫」是使世界能夠應對由人類或自然因素引起的氣候變化——適應（**將會**發生）和地球工程（geoengineering，**可**在**極端情況下**部署）。

本書最後提出了一些關於氣候和能源的結論，包括我認為社會**應該**採取的謹慎措施，既要改善氣候科學和向非專家呈現的方式，又要為未來的氣候變遷做好準備，無論是自然的還是人類造成的。

關於本書的一些實用要點：

科學家們以公制系統工作：溫度以攝氏度為單位，距離以公尺或公里為單位等等。然而，「英制」系統在美國更為普遍：溫度以華氏度計，距離以英尺或英里計等等。為了使更廣大讀者能夠理解這些內容，我通常會用兩套單位來表示數量。

重要的是要知道何時該精確，何時近似就夠了。例如你希望你的池塘能結冰好在上面滑冰，而水在0℃（32℉）時結冰，所以如果我告訴你溫度是10℃（50℉），那溫度就太高而無結冰了，而且即使實際溫度是9℃或11℃也是一樣。然而，如果我告訴你溫度**約**為1℃（34℉），那麼是-1℃還是+3℃就會有很大的區別，我必須告訴你實際溫度是-0.3℃。因此，我引用數字的精確度將取決於脈絡。例如，我可能會使用「美國人口約為3.3億」這樣的語句，即使官方統計在2020年1月1日實際上是3.29135億人，因為這個差異並不影響我所考量的問題。[15]在其他情況下，例如第八章中關於海平面上升的討論，2.5公釐／年和3.0公釐／年（0.10英寸／年和0.12英寸／年）之間的差異確實很重要，我將適當地精確表達。

相對於專欄文章，寫書的好處是，不僅可以進行更深入的討論，而且可以更自由地使用圖表，請從容接受。圖表是數據的語言，而數據是科學的核心，也是科學交流的方式。幾乎所有我選擇的圖表都來自（或直接來自）評估報告、基礎科學文獻或其他官方數據來源。我有時會使用官方圖表的版本，以強調它們是科學結論，而非我信口胡謅。當然，我也會提供有關圖表或其數據來源的資訊。成為科學圖表的批判者是項非常值得磨練的技能——我蒐集一些來自大眾媒體的圖表，以說明它們可以造成多深的誤導。

————

大約六十年前，我的小學班級在一次遠足時參觀了聯合國總部大樓。我記得我對掛在大廳中巨大的伊朗地毯印象深刻，有人告訴我編織工在精心設計的地毯上故意置入一個難以察覺的瑕疵，以證明這是人類的產物。雖然這本書肯定有不完美之處，但非刻意為之。我已經盡我所能準確地表達了進入2021年的科學狀況。

即使這本書沒有錯誤，唉，我也會因為寫這本書而受到攻擊。有些人會質疑我的資歷，說我不是「氣候科學家」，換句話說，我沒有受過地球科學的正式訓練，儘管我已經在這個領域發表了幾篇論文。事實上，氣候科學涉及許多不同的科學領域，包括分子的量子物理學和流動氣體、水和冰的古典物理學；大氣和海洋的化學過程；固體地球的地質學；和生態系統的生物學。還包括用於「做」科學的技術，包括在全球最快的電腦上進行模擬，從衛星上進行遙

---

[15] Census Bureau. "U.S. and World Population Clock." Population Clock, January 1, 2020. https://www.census.gov/popclock/.

感，古氣候分析，以及先進的統計方法。然後還有相關的政策、經濟和旨在減少溫室氣體排放的能源技術等領域。

　　龐大的知識和方法使氣候和能源的研究成為終極的多學科活動。沒有一個研究人員可以成為超過兩三個方面的專家，因此，評估和交流科學現況的挑戰是廣泛和批判性閱讀，以便將連貫的、以事實為基礎的整體圖景整合在一起並傳達出去，這需要一套技能組合。如同其他許多具物理學背景的氣候研究人員一樣，包括詹姆斯‧漢森（James Hansen）和麥可‧曼恩（Michael Mann），我發現在運用物理學家的工具和敏感來創造這圖景時感到很滿意，另外我在能源技術和向政府與私營部門決策者提供諮詢方面的經驗也帶來優勢，不僅是氣候政策，還有其他重要的國家事務，包括人類基因組計畫（human genome project）的品質標準，[16]以及向時任美國參議院外交委員會參議員喬‧拜登就911後髒彈（dirty bomb）的危險性作證。[17]

　　即使他們接受我的資歷，本書的一些批評者也會說我忽視大局，這本書過於關注那些不支持所謂共識的科學層面。然而，考慮到氣候科學的廣泛性，它必須在某個方面有所側重，畢竟每份評估報告就多達上千頁。我的重點是關於大眾所認知的氣候和能源，與科學結論大相逕庭。因此，本書不僅僅是關於什麼是科學上正確及不正確的；也是關於科學如何成為科學，包括其所有的確定性和不確定性——它被概括和傳播，以及在這個過程中失去了什麼。並非你所聽到的關於氣候科學的所有內容都是錯誤的，我已經盡力在篇幅和技術水準的限制下為我所處理的每個主題提供均衡的介紹；我所引用的參考文獻可以獲得更多資訊。

　　然而，另一種批評會認為我的觀點無關緊要。但不會如此，因為媒體、政治人物，甚至一些科學家都在不斷反對盛行的表述：「創紀錄的高溫正變得越

16　Koonin, Steven E. "An Independent Perspective on the Human Genome Project." *Science*, January 2, 1998. https://science.sciencemag.org/content/279/5347/36.summary.

17　Glanz, James, with Andrew C. Revkin. "Some See Panic As Main Effect of Dirty Bombs." *New York Times*, March 7, 2002. https://www.nytimes.com/2002/03/07/us/a-nation-challenged-senate-hearings-some-see-panic-as-main-effect-of-dirty-bombs.html.

來越常見」，「颶風在人類的影響下正在增強」，「氣候變化將會是場經濟災難」。想像一下，取而代之的是「創紀錄的高溫正變得越來越少」、「颶風沒有顯示出人類影響的跡象」或「全球暖化不會對經濟產生過多影響」等標題。我認為你不大可能看到這些標題，儘管這更接近科學的實際情況，正如我將在下面的章節中所述。

不大嚴肅的批評者會對我進行人身攻擊。有些人會說我是化石燃料行業的代言人，即使我的簡歷顯示並非如此。其他人會說我是「氣候變遷否認者」（climate denier）。真正的「氣候變遷否認者」應該是，比如說，拒絕接受數據證據的反科學政治人物，而我的立場完全相反。如果我所說的是直接來自官方數據和報告，我怎麼可能否認科學呢？我覺得把呼籲公開科學討論等同於否認納粹大屠殺的做法特別可惡，尤其是納粹在東歐殺害了我兩百多位親人。

撇開罵人不談，我還預計這本書會受到科學界（也許是「前」）朋友們的批評，他們會質疑——就像他們對我首篇專欄文章的評論——為什麼我要對廣大讀者說這些話，即使我的觀點對專家來說是眾所周知的。原因我已經說過：對於一位科學家來說，要不帶偏見地陳述科學到底有多少定論，或是有多少未定論，我相信這是一種責任，幾近是良心行為。

我希望讀者能以開放的心態對待本書。關於氣候科學已知和未知的嚴肅公共討論太少了——也許這並不奇怪，因為言論的基調是這樣的。在一次演講中，時任國務卿約翰·凱瑞（現在是拜登政府的氣候特使）將人類造成的氣候變化比喻為大規模殺傷性武器，他說：「科學是明確無誤的……。歐巴馬總統和我深信，我們沒有時間在任何地方召開地平說學會（Flat Earth Society）的會議。」[18]但科學並**無**定論。公開辯論是科學進程的核心，科學家擔心因參與辯論而被貼上**反科學**的標籤是荒謬的。有鑑於此，本書提出一個挑戰，並徵求，實際上是歡迎卓有見識的論辯和歧見。這將是朝向在氣候和能源方面做出更明智社會決策邁出的重要一步，以及在對我們暖化星球的科學辯論中降溫。

---

[18] Resnikoff, Ned. "Kerry Compares Climate Change Deniers to 'Flat Earth Society.'" MSNBC, February 17, 2014. http://www.msnbc.com/msnbc/kerry -slams -climate-change-deniers.

第一部

科學

我和妻子有三個孩子。如同多數父母一樣，我們試著以身作則和獎善罰惡來引導他們的童年發展，希望他們能夠成長為快樂的、有作為的成年人。當然，人性就是這樣，三個孩子對我們的影響都有不同的反應，取決於他們所繼承的基因組合和他們成長過程的其他經歷。這些反應對他們的生活產生了影響——雖然他們在人生道路上都有坎坷，但我們對孩子們成為獨特的成年人感到非常自豪。

這三個同樣的問題——影響、回應和衝擊，構成了氣候科學的核心問題。

● 人類如何**影響**氣候——以及這些影響在未來將如何變化？
● 氣候如何**回應**人類（和自然）的影響？
● 氣候回應將如何**衝擊**生態系統和社會？

在過去的幾十年裡，國際社會為回答這些問題付出了巨大的努力。當然，科學就是這樣，這些問題的答案沒有一個是完全確定的，將來也是如此。而且，由於每個問題的答案都取決於前一個問題的答案，我們可以預期，最後一個問題——也許是最重要的問題——的答案將是最不肯定的。

瞭解不確定因素

我們在小學所學的科學是關於自然界一些確定性的集合——地球圍繞太陽旋轉，DNA承載著生物體的藍圖，等等。只有開始學習科學實踐時，你才會意識到這些「事實」中的每一項都是在許多觀察或實驗的基礎上，經由一系列的邏輯推理而艱難獲得。科學的過程與其說是蒐集知識碎片，不如說是減少我們所知的不確定性。對於任何知識，我們的不確定性可能會更大或更小，取決於我們在這過程中的位置——今天我們非常確定蘋果將如何從樹上掉下來，但我們對湍流（如大氣中的對流）的理解在經過一個多世紀的努力後仍然是半成品。

　　對物理世界的每次測量都有相關的不確定性區間（uncertainty interval，通常以希臘字母sigma表示：σ）。我們無法說測量的真實值是什麼，只能說它很可能在σ指定的某個範圍內。因此，我們可以說2016年的全球平均表面溫度為14.85℃，σ為0.07℃。也就是說，有三分之二的機會，真實溫度落在14.78℃和14.92℃之間。

　　對科學家而言，瞭解測量的不確定性與瞭解測量本身一樣重要，因為它讓你能判斷測量之間差異的重要性。如果2016年的溫度是14.85±0.07℃（第一個數字是數值，第二個是它的σ），而2005年測量的溫度是14.54±0.07℃，科學家會宣布0.31℃是顯著的溫度差異，因為它是測量本身不確定性的四倍以上。另一方面，2015年（14.81±0.07℃）和2016年之間測得的0.04℃的年溫度增長並不重要，因為它小於不確定性——實際上大約是不確定性的一半。但媒體很可能仍會大聲疾呼「氣溫繼續上升」，要麼是出於無知，要麼是為了吸引讀者目光，但這就像政治評論員為民調中一個百分點的變化而大驚小怪，而民調的誤差率（σ）是三個百分點。

　　測量中的不確定性和意義是所有科學家的共同語言。但談論我們對氣候更高層次理解中的不確定性，特別是對非科學家來說，是比較棘手的。為了更準確地傳達所涉及的未知數的程度，評估報告已經建立了正式用語，如下表所示。[1]

政府間氣候變遷專門委員會可能性等級（IPCC L Likelihood Scale）	
用語	結果的可能性
幾近確定（Virtually certain）	99-100%
極有可能（Very likely）	90-100%
很可能（Likely）	66-100%
不確定是否會（About as likely as not）	33-66%

---

[1]　Intergovernmental Panel on Climate Change (IPCC). "The Guidance Note for Lead Authors of the IPCC Fifth Assessment Report on Consistent Treatment of Uncertainties." https://www.ipcc.ch/site/assets/uploads/2017/08/AR5_Uncertainty_Guidance Note.pdf.

政府間氣候變遷專門委員會可能性等級（IPCC L Likelihood Scale）	
不太可能（Unlikely）	0-33%
相當不可能（Very unlikely）	0-10%
幾近不可能（Exceptionally unlikely）	0-1%

　　在正式用語中，**幾近確定**的聲明最多只有1%的機率是不正確的，而**很可能**的聲明大約有三分之二的機率為真，而**相當不可能**的聲明最多只有10%的機率為真。

　　由於氣候科學相當複雜，不確定因素並不總是容易用概率來量化。因此，聯合國政府間氣候變遷專門委員會（IPCC）建立了第二套校準用語，以表示對某一結論的**信心**。信心是種定性判斷，取決於不同證據的數量、品質和一致性。信心的五個級別是**非常高、高、中、低**和**非常低**，如IPCC的下圖所示。[2]

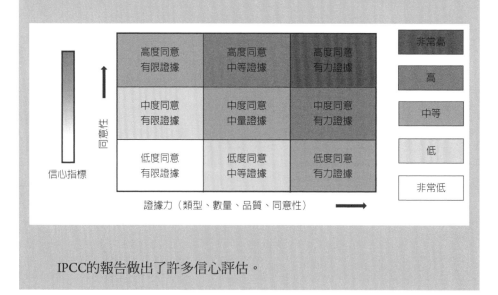

　　IPCC的報告做出了許多信心評估。

---

[2]　IPCC, 2013: *Climate Change 2013: The Physical Science Basis. Contribution of Working Group I to the Fifth Assessment Report of the Intergovernmental Panel on Climate Change* [Stocker, T.F., D. Qin, G.-K. Plattner,

　　氣候科學是活躍的領域。數以千計的研究人員在數十億美元的支持下，致力於觀察氣候，瞭解氣候，並預測氣候的未來。他們在科學雜誌的文章中發表研究成果，每年發表的文章超過一萬篇。在其他多數科學領域，工作到此告一段落。

　　然而，氣候科學與其他科學領域不同。由於核心問題的答案非常重要，對人類社會有著巨大的潛在影響，聯合國和美國政府定期召集大批研究人員準備正式的「評估」報告，旨在為非專家提供「最佳答案」，包括其他領域的科學家、政府和私營部門的決策者以及公眾。這些報告長達數百頁，回顧和總結了最新的研究，並為非科學家解釋其結論。最新的報告是IPCC[3]在2013年發布的第五次評估報告（Fifth Assessment Report, AR5），以及美國全球變遷研究計畫（United States Global Change Research Program, USGCRP）[4]在2017年和2018年分兩期發布的第四次國家氣候評估（Fourth National Climate Assessment, NCA2018）。每一份報告的發布都伴隨著巨大的宣傳和密集的媒體報導。

關於評估報告

　　最著名的一系列評估報告是在聯合國政府間氣候變遷專門委員會（IPCC）的主持下產生的，該委員會成立於1988年。IPCC於1990年發布了第一份評估報告；第四份評估報告（稱為AR4）於2007年發布，[5]第五份

M. Tignor, S.K. Allen, J. Boschung, A. Nauels, Y. Xia, V. Bex and P.M. Midgley (eds.)]. Cambridge University Press, Cambridge, United Kingdom and New York, NY, USA, 1535 pp. https://archive.ipcc.ch/report/ar5/wg1/.Figure 1.11.

3　Intergovernmental Panel on Climate Change (IPCC). "The Intergovernmental Panel on Climate Change." IPCC, January 1, 2000. https://www.ipcc.ch/.

4　US Global Change Research Program (USGCRP). "About USGCRP." GlobalChange. gov, January 1, 2000. https://www.globalchange.gov/about.

5　IPCC, 2007: *Climate Change 2007: The Physical Science Basis. Contribution of Working Group I to the Fourth Assessment Report of the Intergovernmental Panel on Climate Change* [Solomon, S., D. Qin, M. Manning, Z. Chen, M. Marquis, K.B. Averyt, M. Tignor and H.L. Miller (eds.)]. Cambridge University Press, Cambridge, United Kingdom and New York, NY, USA, 996 pp. https://www.ipcc.ch/assessment-report/ar4/.

（AR5）於2013年發布，[6]第六份（AR6）預計將於2021年夏天發布。

　　每份評估報告的基礎部分是所謂的第一工作小組（Working Group I, WGI）的報告。它處理的是氣候系統的物理層面，特別是近幾十年來觀察到的變化，以及氣候如何對人類和自然的影響做出反應。其他工作小組在WGI評估的基礎上，描述氣候變化的影響和社會對它們的反應。每個工作小組還濃縮其工作成果，製作一份決策者摘要（Summary for Policymakers, SPM）；所有部門的綜合報告也被公布。除了全面的評估報告系列，IPCC還出版了更有針對性的特別報告，如關於極端事件、[7]海洋和冰凍圈[8]或氣候變遷與土地[9]的報告。

　　美國政府也發布了自己的獨立評估報告系列。1990年的全球變遷研究法案（The Global Change Research Act）要求每四年進行一次國家氣候評估（National Climate Assessment, NCA）。[10]這些報告是由美國全球變遷研究計畫（US Global Change Research Program, USGCRP）編製。國家氣候評估報告的目的與IPCC的評估報告基本相同，但更側重於美國。NCA的內容通常與ARs的內容一致，但在重點和用語上可能有差異。

　　前三份NCA報告分別於2000年、2009年和2014年發布（小布希政府在這方面沒那麼勤奮）。第四次，即NCA2018，包括兩卷。第一卷側重於物

---

[6]　IPCC, 2013: *Climate Change 2013: The Physical Science Basis. Contribution of Working Group I to the Fifth Assessment Report of the Intergovernmental Panel on Climate Change* [Stocker, T.F., D. Qin, G.-K. Plattner, M. Tignor, S.K. Allen, J. Boschung, A. Nauels, Y. Xia, V. Bex and P.M. Midgley (eds.)]. Cambridge University Press, Cambridge, United Kingdom and New York, NY, USA, 1535 pp. https://archive.ipcc. ch/report/ar5/wg1/.

[7]　IPCC. "Managing the Risks of Extreme Events and Disasters to Advance Climate Change Adaptation (SREX)." IPCC, January 1, 2000. https://archive.ipcc.ch/report/srex/.

[8]　IPCC. "Special Report on the Ocean and Cryosphere in a Changing Climate." January 1, 2000. https:// www.ipcc.ch/srocc/.

[9]　IPCC. "Climate Change and Land." Special Report on Climate Change and Land, January 1, 2000. https://www.ipcc.ch/srccl/.

[10]　USGCRP. "Assess the U.S. Climate." GlobalChange.gov, January 1, 2000. https://www.globalchange. gov/what-we-do/assessment.

理氣候科學，於2017年11月作為《氣候科學特別報告》（Climate Science Special Report, CSSR）發布。[11]第二卷於2018年11月發布，重點關注氣候變遷的影響和風險，以及我們如何適應。[12]第二卷中對未來氣候影響的分析自然建立在CSSR對未來氣候變化的預測之上；因此，其可信度主要取決於CSSR忠實地描述氣候科學中的確定性和不確定性的程度。第五次國家評估預計將在2023年進行。

　　AR和NCA的評估是以類似的程式起草和審查的。發起組織（IPCC或USGCRP）為每一章確定專家作者團隊。這些團隊接連提出草稿，並根據其他專家的意見進行改進；國家評估也要經過國家科學院召集小組的正式審查。整個過程需要數年時間。例如，AR6的主要作者的第一次會議是在2018年6月舉行的，距離報告的計畫發布還有大約三年的時間。CSSR的製作速度較快，但仍需要大約二十個月的時間來起草和審查。

　　評估報告實際上是為非專業人士定義科學。考慮到密集的編寫和審查過程，任何讀者都會自然而然地期望他們對研究文獻的評估和總結是完整、客觀和透明的「黃金標準」。根據我的經驗，這些報告在很大程度上確實滿足了這項期望，而且本書第一部分（科學）中的多數細節都來自於這些報告。但是，仔細閱讀最近的評估報告，也會發現一些基本的失誤，在重要問題上會誤導或傳遞錯誤訊息給讀者。這些失誤是什麼、它們是如何產生、媒體是如何宣傳的，以及如何糾正它們，是科學部分的另個層面。

在「傳話遊戲」中離得更遠的組織和個人在談論氣候問題時，都會依賴

[11] USGCRP. *Climate Science Special Report: Fourth National Climate Assessment*, Volume I. US Global Change Research Program, Washington, DC, 2017. https://science2017.globalchange.gov/.
[12] USGCRP. "Fourth National Climate Assessment, Volume II: Impacts, Risks, and Adaptation in the United States: Summary Findings." NCA4, January 1, 1970. https://nca2018.globalchange.gov/.

評估報告。例如，美國科學促進會（American Association for the Advancement of Science, AAAS）2019年的一份題為〈我們如何應對〉（How We Respond）的報告，在開篇就提到了NCA2018，對科學進行了高規格的總結：

> 我們的國家、我們的州、我們的城市和我們的城鎮面臨緊迫的問題：氣候變遷。美國人民已經感受到了氣候變遷的影響，並將在未來幾十年內持續如此。氣溫上升將影響田間的農民和城市的通勤者。全國的極端天候事件，如颶風、洪水、野火和乾旱的發生頻率和強度都在增加。雖然這些問題給社會和地球帶來了許多風險，但毫無疑問，最大的風險是毫不作為。科學告訴我們，我們越早應對氣候變化，未來的風險和成本就會越低。[13]

我身為美國科學促進會的成員已近五十年，多年前被任命為該組織的會士（Fellow）。因此，我可以告訴你，上述聲明從未被提交給該組織的十二萬名成員徵求意見，更別說認可了。如果我被要求發表意見，我會根據我對評估報告和文獻的熟悉程度，提供有點不同的聲明：

> 在過去的一個世紀裡，地球已經變暖，部分原因是自然現象，部分原因是對日益增長的人類影響的反應。這些人類的影響（最重要的是燃燒化石燃料產生二氧化碳的累積）對複雜氣候系統的物理層面上產生微小影響。不幸的是，我們有限的觀察和理解不足以有效量化氣候將如何回應人類的影響或它如何自然變化。然而，即使自1950年以來，人類的影響幾乎增加了五倍，而且全球暖化幅度不大，大多數嚴重的氣象現象仍然在過去的變異範圍內。對未來氣候和氣象事件的預測依賴於明顯不適合該目的的模型。

---

13 AAAS. "About." How We Respond, January 1, 2000. https://howwerespond.aaas.org/report/.

　　稍後，我將進一步探討個人和組織（其中包括美國科學促進會）在就氣候問題進行交流時傾向於無根據誇示的一些原因，我將概述一些步驟，使討論從不體面的勸說姿態轉向更專業的立場，即公正、完整和有脈絡地傳遞資訊。下面的章節將支持我的觀點中更多的事實、謹慎和不那麼令人震驚的基調——畢竟，我不是在賣食用油。

第一章

我們對暖化的認識

　　我從小就有種測量世界的衝動。溫度是我早期的興趣之一，我對幼稚園教室裡的小型酒精溫度計產生了興趣。**它是如何運作的？為什麼會發生變化？** 最終，我五歲的心靈開始好奇，如果我把溫度計帶到學校的走廊，然後再帶出大樓，溫度計會有什麼變化。因此在一個冬天，課堂即將下課時，我把溫度計放進口袋走出了教室。我很高興地看到，當我從學校走回家時，讀數下降了，當我進入我家時，讀數又上升了。不幸的是，我把溫度計放進我們的冰箱時，我母親發現了我擅自借用實驗儀器的行為。第二天早上，母親要求我歸還溫度計，並向我的老師道歉，保證不再拿走它。總之，這是個很好的人生教訓。幾天後，我的父母送我一支屬於我自己的溫度計。

　　正如我在童年時本能所知一樣，理解自然界始於測量——數據。但是，蒐集有用的全球氣候數據要比簡單地隨身攜帶袖珍溫度計要複雜得多。地球很大，不容易涵蓋（尤其地表有70%是海洋），而且由於我們正在尋找幾十年間的微小變化，我們需要準確、精確（低不確定性）和跨越漫長時間的紀錄。即使我們有了好數據，它所呈現的內容也相當地少。我們將在本章中看到，全球溫度變化遠不止「人類正在使地球變暖」這麼簡單。

　　大多數人都看到了圖1.1中的某些版本的著名的曲線，顯示自1850年以來地球的「溫度」上升了約1℃（1.8℉），從1980年左右開始似乎有急遽上升的斜率。這看起來確實有什麼在變化。但那張圖到底是什麼？畢竟，你會注意到它寫著「溫度異常」而非「溫度」。此外，例如紐約市的年平均溫度（約13℃或55℉）每年的變化可能超過2℃（3.6℉），大於圖1.1的異常範圍。那麼，我們是否應該關注這些長期變化呢？圖一的插圖顯示溫度變化其實頗小。這張圖到底告訴我們什麼？

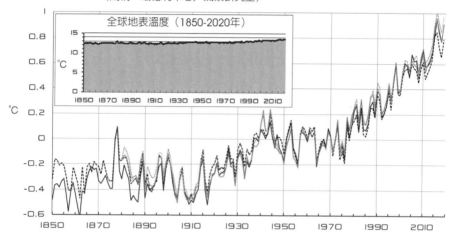

圖1.1　由四項獨立分析測定的全球地表溫度年度異常值。異常值是指溫度與基線（平均）值的偏差。雖然它們之間有微小的差異，但四個分析都顯示出類似的趨勢，並同步波動。數據點的典型不確定度為±0.1℃。[1]左上插圖顯示了全球平均溫度，而非異常值。四個數據集之間的差異太小，無法在此顯示。

　　即使在我還是用偷來溫度計做實驗的五歲孩子時，我也能看到溫度因地而異，並隨著時間而變化。今天，世界各地數以千計的觀測站和我們頭頂上幾十顆衛星正不斷地記錄著地球上的變化（以及關於氣象的許多其他數據）。氣象局蒐集和分析這些觀測結果，以產生指導我們日常計畫的預報。

　　無論在幫助我們決定是否在早上出門時穿上毛衣這方面有多大作用，利用氣象觀測來瞭解氣候的一些情況是更加複雜的，因為氣候（climate）不是氣象（weather）——在主流的討論中經常缺少這種區別。任何地方的氣象都以可

[1]　Data accessed 11/27/20 from Berkeley Earth (http://berkeleyearth.org/archive/data/); UK MetOffice (https://www.metoffice.gov.uk/hadobs/monitoring/index.html); NOAA (https://www.ncei.noaa.gov/access/metadata/landing-page/bin/iso?id=gov.noaa.ncdc:C00934); and NASA (https://data.giss.nasa.gov/gistemp/).

預測和不可預測的方式不斷變化——在一天之中（通常下午4點比早上4點更暖和），在不同的日子裡（如鋒面經過時），隨著季節與年份變化。另一方面，**一個地區的氣候是幾十年來當地氣象的平均值。**事實上，聯合國的世界氣象組織將氣候定義為三十年的平均值，儘管氣候研究人員有時會討論短至十年的平均數。因此，從一年到另一年的氣象變化並不構成氣候的變化。

非專業人士經常混淆氣候和氣象（專家有時也會如此，偶爾是故意的）。有個例子可以澄清兩者之間的區別：如果你從威斯康辛州搬到亞利桑那州南部，對新家氣候的知識告訴你要為夏天準備空調，把厚重的冬衣留下，而且在麥迪森生長的親水植物在圖森可能不會生長得太好。但關於氣象的知識告訴你，根據週二的預報，你在週四到達時需要準備雨傘。一句可追溯到1901年的諺語很好地抓住了這點：**氣候是你所期望的，氣象是你所得到的。**

因為氣候是多年的平均值，因此變化很慢。至少需要十年的觀察來定義一個氣候，因此需要二十年或更長時間來確定它的變化。這段漫長的時間接近人類記憶的極限，特別是當變化很小的時候，所以我們需要記錄以防被愚弄。最受關注的是極端氣象事件，如風暴和熱浪——它們的數量和強度也每年不同，但同樣，定義氣候的是它們幾十年的平均特性。

我們不僅會因為沒有從「大局」的角度來看待氣候而被愚弄，而且也會因為沒有從大局的角度來看待地球而被愚弄。氣候因地而異，取決於緯度（兩極更冷）、海拔（山區更冷）和靠近水域（調節影響）等因素。新加坡全年的日平均氣溫約為33℃（91℉），而莫斯科1月的氣溫為-4℃（25℉），7月為24℃（75℉）。為了評估人類的影響，最好是考慮全球大範圍的溫度，這是因為最受注目的影響因素——如溫室氣體——是全球性的，而且大區域的平均化使氣候的微小變化經由「排除雜訊」而更加明顯。

唉，要測量整個地球的表面溫度並不容易，特別是當你要尋找幾十年來零點幾度的變化時。你必須擔心溫度計本身的變化，它們是如何設置的，以及它們的確切位置。即使一個觀測站多年來沒有移動過，觀測站周圍的城市化也是個問題，因為建築物、道路和人類的集中活動使城市比農村周圍的溫度高幾度。最重要的是，如果沒有到處都設置溫度計，我們怎麼可能測量全球的溫度？幸運的是，漢森和列別代夫（Lebedeff）在1987年發表一篇具有里程碑意義的論文表明，一般而言，在相距不到一千二百公里（七百五十英里）的地方，溫度變化相似。[2]換句話說，如果一個地方的平均溫度上升了一度，很可能（但不能保證）在附近的其他地方也會如此。這讓我們得以只用稀疏的觀測站網絡就能判斷大面積的溫度變化，覆蓋面的空白可以用機率來填補。圖1.1顯示，四個獨立的小組採用不同的分析方法，根據這一總體思路得出了非常相似的全球地表溫度紀錄。

說到圖1.1，讓我們回到之前的問題。為什麼是「溫度異常」而非「溫度」？異常值衡量的是在某一地點觀察到的狀況與該地點的基線值（平均值）的偏差程度，在圖1.1中指的是溫度。使用相對於基線的數值，能使北極地區與熱帶地區的變化處於相同基礎之上，讓我們能夠比較不同地點和不同時期的氣候變化，從而找出大規模的趨勢。基線的選定通常是以數據時間跨度中的三十年平均數（在圖1.1中選定區間為1951年至1980年）。這個選擇有些隨意，但並不重要，因為選擇不同的基線只是將曲線向上或向下移動，但不會改變形狀或大小（記住，我們對氣候的**變化**感興趣）。

這就是圖1.1的全球溫度異常圖——日平均溫度與預期值的偏差，一年中的每一天和整個地球的平均數。觀察它，我們可以看到全球平均異常值在過去的一個世紀裡上升了。當然，這並不代表所有地方的溫度都上升了，或上升了相同的數值。但隨時間的變化確實給了我們一些重要和有趣的資訊。

圖1.1所示的全球平均地表溫度紀錄的顯著特點是，儘管數據每年都有波動，但幾十年來有明顯起伏疊加在整體變暖的趨勢上。也就是說，歷史並不只是一連串雜亂無章的亂數。

大多數與氣候有關的時間序列顯示出這樣的模式：也就是說，儘管每年都有變化，但長期趨勢是可見的。這現象是由英國水文學家哈羅德・赫斯特（H. E. Hurst）發現的，他當時正在研究尼羅河的水位，尼羅河對非洲大陸約10%的

---

[2]　Hansen, J. E., and S. Lebedeff. "Global Trends of Measured Surface Air Temperature." *Journal of Geophysical Research*, November 27, 1987. https://pubs.giss.nasa.gov/abs/ha00700d.html.

尼羅河年最小水深（622-1284 年）

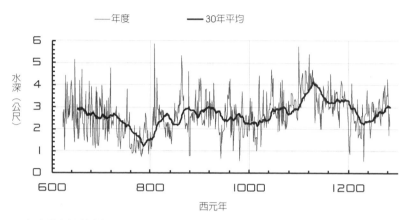

圖1.2　有波動和趨勢的氣候紀錄。從西元622年至1284年的六百五十多年裡，開羅附近尼羅河的年最小深度。該數據以公尺為單位，顯示了圍繞長期趨勢逐年波動的特徵模式。[3]

降雨量很敏感。圖1.2顯示了開羅附近的羅達尼羅河古水位計（Roda Nilometer）在西元622年至1284年的六百五十多年間每年測量到的最低尼羅河水深。正如你所見，即使每年的數值都有波動，有時甚至是劇烈的波動，實線所示的三十年平均數顯示幾十年的明顯趨勢，如同圖1.1中的全球溫度數據一樣。

　　觀察長期趨勢的信號，而不是短期變化的雜訊，有助於我們看到對理解氣候至關重要的大局。儘管媒體有相反的報導，但即使是幾個不尋常的年份也不代表著氣候的變化。因此，研究人員經常用幾十年的簡單趨勢來描述氣候的變化。例如，圖1.1中的全球溫度異常圖從1900年的約-0.3℃開始，到2020年的約+0.8℃結束，因此顯示在一百二十年（十二個十年）間溫度上升了1.1℃，或每十年0.09℃。

　　但是，雖然這描述了整個紀錄時期中的平均溫度行爲，但這並不是對數據很好的敘述，因爲有幾個十年的時期，溫度行爲非常不同。例如，從1980年

3　　Data from Koutsoyiannis, D. "Hydrology and Change." *Hydrological Sciences Journal* 58, no. 6 (2013): 1177-1197. http://www.itia.ntua.gr/en/docinfo/1351/.

至2020年的四十年間，上升率是0.09℃／10年長期平均值的兩倍（0.20℃／10年），而從1940年至1980年的四十年間，上升率是**負值**（-0.05℃／10年）。而在此之前的30年，即1910年至1940年，上升率又是0.09℃／10年平均數的近兩倍（約0.17℃／10年）。

因此，趨勢往往高度依賴於所考慮的時間跨度；在這裡，我們幾乎可以得到任何我們想要的趨勢，取決於我們選擇的時間間隔。不幸的是，這種「有意挑選」（cherry picking）的數據在媒體間（偶爾也在評估報告中）相當常見，因為其目的是為了說服。但若目標是提供資訊，就必須展示和討論整個數據集，包括所有在你所談論規模上有意義的起伏。

———

規模——那個我們一直提到的大局——也很重要，因為它幫助我們解開全球和地方的氣候變化。8月是北半球媒體高溫氣象報導的旺季，2019年8月13日，《華盛頓郵報》（*Washington Post*）以〈極端氣候變遷已抵達美國〉（Extreme climate change has arrived in America）為題在頭版發表了一篇報導。為了表明自己的觀點，該報在顯著位置展示了你在圖1.3中看到的地圖，這些地圖（用火紅和橙色）呈現了1895年至2018年期間整個美國本土各州的氣溫變化。

這篇文章將討論定格在全球暖化的背景下。然而，任何細心的讀者都會注意到，一些人口中心（如紐約市、洛杉磯和鳳凰城）的暖化速度比全國其他地區快得多。而洛磯山各州的一些斑點與新的石油和天然氣產區吻合。更專業的讀者會知道，由於全球氣候的變化，溫度趨勢在比這些地圖上的斑點大得多的距離上是平滑的——你也知道：還記得漢森和勒伯德夫的一千二百公里嗎？那麼，紐約市怎麼會比二百五十公里（一百五十英里）外的紐約州中部地區升溫得更快呢？

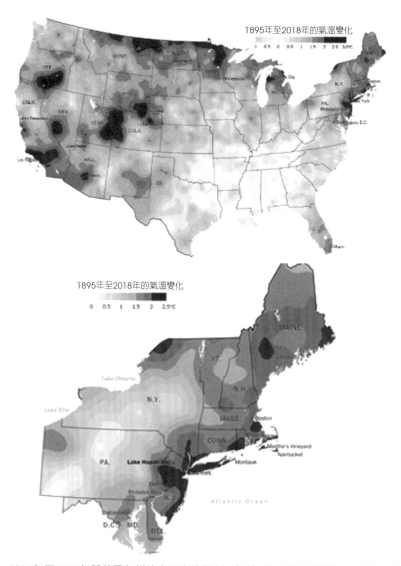

圖1.3　1895年至2018年間美國各州地表溫度的變化。根據NOAA的數據製作，於2019年8月13日發表於《華盛頓郵報》，標題為〈極端氣候變遷已抵達美國〉。[4]

4　Mufson, Steven, Chris Mooney, Juliet Eilperin, and John Muyskens. "Extreme Climate Change in America." *Washington Post*, August 13, 2019. https://www .washingtonpost.com/graphics/2019/ national/climate-environment/climate-change -america/.5. Raw station data for West Point/NYC downloaded from berkeleyearth.lbl.gov.

藏在文章裡，我們會讀到：

> 專家說，熱島效應、不斷變化的空氣污染水準、洋流、沙塵暴等事件以
> 及聖嬰現象（El Nino）等自然氣候波動都可能發揮一些作用。

事實上，雖然這篇文章可能讓你相信，但《郵報》的地圖並沒有說明「極端氣候變遷」的到來。這些地圖中的局部斑點不是由於全球氣候變化造成的，而很可能是城市化或農村地區開始生產石油和天然氣的人類活動增長的結果。換句話說，這些地區的局部氣候可能確實自工業革命以來發生了變化。然而，儘管文章中經常提到溫室氣體，但這些區域性的變化與類似的全球影響關係不大。例如，二氧化碳——受人類影響最重要的溫室氣體——在全球範圍內以大致相同的濃度存在於大氣中。

紐約市（上）和西點軍校（下）的溫度（1910-2013年）

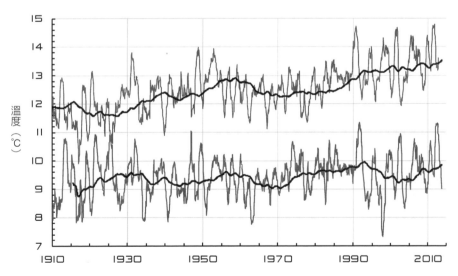

圖1.4　1910年至2013年紐約市（上）和紐約州西點軍校（下）的年平均氣溫，西點軍校位於紐約市北方四十二英里。灰色的線是年度值，而黑色的線是十年追蹤平均數。為清楚呈現，西點的數據已經下移了1.5℃。

　　圖1.4是我在講座中經常使用的圖表，顯示了在相距七十公里（四十二英里）的紐約州西點（譯註：西點軍校所在地）和紐約市中央公園測得的年平均溫度。[5]（不完全）相關的波動很明顯，紐約市1920年後四十年間紀錄中城市化的變暖影響也很明顯（西點過去和現在都是相對郊區地區）。正如你所見，雖然兩地的溫度確實不同，但溫度波動在方向和大小上都相當吻合，如同漢森和列別代夫所預測。當然，如果是兩個相距甚遠（例如紐約市和北京）的觀測站，波動就完全不一致了。

　　避免混淆局部和全球影響，因此專業人員經常將一千二百公里（七百五十英里）距離的溫度變化圖處理得很平順。[6]如果我的學生製作像《郵報》那樣的地圖，而不解釋哪些暖化是由於全球氣候變遷造成的、哪些不是，那他們將不會太好過。

―――――

　　圖1.1中全球溫度異常的不同趨勢被認為有幾個不同的原因。一個是氣候系統顯示出內部變化——幾十年來的波動和流動，主要與緩慢的洋流有關。然後是自然現象，如太陽亮度的變化，「驅動」（影響）氣候系統變化。最後，也是我們最感興趣的，是那些可能是對人類活動驅動的氣候變化和趨勢的反應〔雖然「驅動力」（forcing）這個詞可能看起來很奇怪，但在氣候科學的語言中，它或多或少是「影響」（influence）嚴謹完備的同義詞〕。

「氣候變遷」（climate change）與氣候變化（changing climate）

　　使用「氣候變遷」一詞會造成（有時可能被故意利用）意義上的混淆。

[5]　Raw station data for West Point/NYC downloaded from berkeleyearth.lbl.gov.

[6]　NASA. "Data.GISS: GISS Surface Temperature Analysis (v4): Global Maps." NASA, January 1, 2000. https://data.giss.nasa.gov/gistemp/maps/index_v4.html.

《聯合國氣候變遷綱要公約》（*The UN Framework Convention on Climate Change*）將「氣候變遷」定義為：

> ……直接或間接歸因於人類活動改變了全球大氣的組成造成的氣候變化，並且是在可對比時間段內觀察到的自然氣候變化之外的變化……。[7]

聯合國的定義明確**排除了**自然原因造成的變化，與「氣候變遷」的一般語言含義不同。因此，當一般人聽到「氣候變遷」（如通常喊出的口號**「氣候變遷是真的！」**）時，他們很可能會認為這意味著人類應該對氣候變遷負責。媒體在使用這個詞時並不特別精確或一致，有時用一種方式，有時用另一種方式，往往沒有澄清；由於多種或未知原因造成的氣候變化的文章冠以**「氣候變遷」**的標題，且呼籲挺身**對抗氣候變遷！**讓人聽起來好像減少人類的影響就能保持氣候不產生改變。

為了避免混淆，本書將具體而準確，避免模棱兩可的語言。如果我們談論的是針對人類影響的變化，我們將使用「人類造成的氣候變遷」（human-caused climate change）這樣的語句。以同樣的思路，「氣候變化」（changing climate）將和它聽起來的意思一樣，指的是任何來源的變化。精確的術語是科學家進行推理和交流的最有力的工具之一，而不精確的術語對於那些尋求說服的人而言也同樣強大。

正如我們將在下一章所見，在1900年之前，人類對氣候的影響可以忽略不計。在1900年時地球人口尚且不多（只有今天的五分之一），而且主要是以務農為業；全球大部分地區的工業化剛剛開始。直到1950年，人類的影響仍然相當小，當時的影響還不到現今的四分之一。那麼，1950年之前的氣候變化顯

---

[7] The UN Framework Convention on Climate Change, Article 1 (2). https://unfccc.int/files/essential_background/background_publications_htmlpdf/application/pdf/conveng.pdf.

示，即使並非當下主導性因素，也一定有其他現象在作用著，因為在1940年至1980年期間，即使人類的影響越來越大，地球實際上還稍微變涼了。由於這些自然變化（包括內部變化和自然因素）可能仍然存在，如果我們要有信心將最近暖化的部分歸因於人類的影響，更不用說預測未來的氣候將如何變化，那麼瞭解它們至關重要。

在我們考慮最近的溫度上升時，值得注意的另一點是，儘管圖1.3讓人誤解，但過去四十年大範圍的暖化在全球分布並不均勻。這點在圖1.5中很明顯，該圖轉載自美國政府的2017年CSSR（《氣候科學特別報告》，如前述）。正如你所見，陸地比海洋表面升溫更快，兩極附近的高緯度地區比赤道附近的低緯度地區升溫快。更普遍的是，最低溫（夜間、冬季等）比最高溫上升得更快——全球暖化的同時，氣候也在變溫和。

「那又怎樣？」你可能會問，**「地球確實在暖化；如果暖化在全球範圍內不穩定或不均勻，或是低溫比高溫上升得更快，又有什麼關係呢？」**但類似細節相當重要，它們幫助我們分離和量化過去和未來幾十年內人類造成與自然變化的相對作用。它們也幫助我們瞭解氣候變化所帶來的影響。隨著全球暖化，生態系統已經發生了怎樣的變化？社會是如何適應我們已經看到的氣候變化，以及他們對未來變化的適應能力如何？正如所有的科學一樣，這些細節加深了我們對進行中事態的理解，為什麼會發生，以及未來可能發生的事情。

當然，氣候問題遠不止表面溫度的變化，甚至整個大氣層的變化。事實上，大氣層是更大、更複雜的系統中相對較小的一部分，這個系統中包括水（海洋、湖泊等）、陸地和海洋的冰雪、固態地球和生物（微生物、植物、動物和人類）。

全球海洋是地球氣候系統中最重要也最難處理的部分。海洋擁有90%以上的氣候熱量，是氣候的長期記憶。大氣層的狀態日復一日、年復一年因任何規模的影響而劇烈波動，這就是使氣象和氣候的解讀如此困難的部分原因。另一方面，海洋在數十至數百年間才對變化做出反應。

地表溫度變化（1901-2015年）

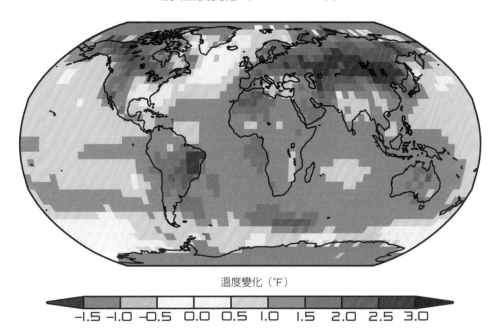

溫度變化（℉）

圖1.5　1986年至2015年期間相對於1901年至1960年的地表溫度變化（單位：℉）。多數陸地和海洋地區的變化普遍顯著。在北大西洋、南太平洋和美國東南部的部分地區變化不大。北冰洋和南極洲的數據不足，無法計算當的長期變化（取自CSSR圖1.3）。[8]

　　然而，如前所述，以足夠的精確度和覆蓋面來蒐集海洋數據以檢測氣候變化，甚至比在陸地上更有挑戰性。海洋無比龐大，基本上渺無人煙，雖然人類可接近海洋表面，但深海截然不同（海洋平均深度為三千七百公尺或一萬二千英尺）。衛星只能測量海洋表面及其上的溫度，而測量歷史還不到半世紀。在衛星之前，只有通過船隻（不會到處航行）和浮標（在很少的固定地點）進行表面測量或探測。

　　2000年，一個名為Argo的國際計畫開始讓一隊機器人浮標在海洋上漂流，以記錄海洋的特性。[9]2005年，Argo浮標系統首次實現了全球覆蓋，現在有超

8　　USGCRP. *Climate Science Special Report: Fourth National Climate Assessment, Volume I*. Figure 1.3.

9　　"Current Status of Argo." Argo, January 1, 2000. https://argo.ucsd.edu/about/.

過三千九百個浮標覆蓋著世界上的海洋。漂浮物通常在一公里（三千三百英尺）的深度漂流，但每十天，它們會下降到二公里（六千六百英尺）深，並在六小時的上升過程中測量水柱的溫度和鹽度曲線，在返回一公里深度之前，它們經由衛星傳輸測量結果。

Argo大幅提高了我們對海洋狀況的認識。在2000年之前，對四百公尺（一千三百英尺）以下的海洋取樣不超過40%，對九百公尺（三千英尺）以下的取樣不超過10%（請謹記，全球海洋平均深度為三千七百公尺）。在過去的二十年裡，Argo的覆蓋範圍有了很大的提升，現在至少每年對60%的海洋進行採樣，深度為二公里。[10]

雖然Argo數據對瞭解未來幾十年海洋狀況的變化至關重要，但關於海洋過去的數據在涵蓋面和品質上都很有限。即便如此，我們相信海洋在幾十年甚至幾個世紀來一直在變暖。圖1.6是另一張異常圖——這次顯示了在過去六十年間海洋各層的熱含量是如何增加的。熱能的測量單位是澤焦（zetajoule，一澤焦等於10^{21}焦耳），異常值是相對於1958年至1962年的基線而言。虛線是海洋總熱量95%的信賴區間（confidence interval）——換句話說，圖1.6表示真實值有95%的機會落在這些虛線內（這些線在更遠的年代相距較大，因為我們當時擁有的可靠數據較少，因此不確定性更大）。海洋的熱能有明顯的上升趨勢，上層三百公尺（一千英尺）比深層升溫更快，如果熱量被變暖的表面吸收，這是可以預期的。相較之下，緩慢變化的深層更能反映過去的情況。

數百澤焦聽起來是個很大的能量（而且確實是，至少在人類世界中是如此——世界上每年由化石燃料、核能和可再生資源中獲得的所有能量僅相當於約0.6澤焦）。然而，當這些熱量被分散到全球海洋中的所有水域時，它所反應出的溫度上升是非常溫和的：每十年幾百分之一攝氏度。然而，不斷增長的海洋熱含量是最可靠的跡象，表明地球在最近幾十年確實在變暖。

---

[10] Rhein, Monika, and Stephen R. Rintoul, et al. "Observations: Ocean." IPCC, 2013. https://www.ipcc.ch/site/assets/uploads/2018/02/WG1AR5_Chapter03_FINAL.pdf.

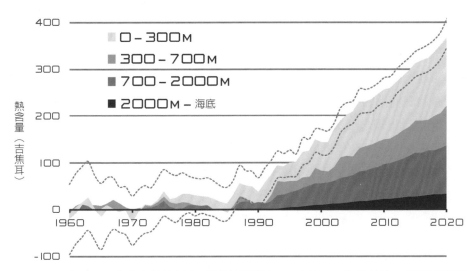

全球海洋熱含量（1960-2019年）

圖1.6　1960年至2019年的海洋熱含量。異常值相對於1958年至1962年的基線，時間序列經過二十四個月的平滑處理。灰色虛線是海洋總熱量收支（ocean heat budget）95%的信賴區間。[11]

　　但是，為了避免你認為問題已經解決，看看另一項不同的同行審評論文分析發現，在1990年至2015年期間，熱含量的增長速度只有圖1.6所示的一半，1921年至1946年期間也有同樣規模的增長速度，當時人類對氣候的影響要小得多。[12]而另一篇論文發現，由1750年至1950年，海洋上層二公里的升溫速度約為圖中所示的三分之一。[13]因此，與地表溫度紀錄一樣，糟糕的歷史數據和巨大的自然變化使理解人類影響的努力變得困難。

[11] Cheng, L., John Abraham, Jiang Zhu, Kevin E. Trenberth, John Fasullo, Tim Boyer, Ricardo Locarnini, et al. "Record-Setting Ocean Warmth Continued in 2019." *Advances in Atmospheric Sciences* 37(2020): 137-142. https://link.springer.com/article/10.1007/s00376-020-9283-7.

[12] Zanna, Laure, Samar Khatiwala, Jonathan M. Gregory, Jonathan Ison, and Patrick Heimbach. "Global reconstruction of historical ocean heat storage and transport." Proceedings of the National Academy of Sciences, January 2019. https://www.pnas.org/content/116/4/1126.

[13] Gebbie, G., and P. Huybers. "The Little Ice Age and 20th-Century Deep Pacific Cooling." *Science*, January 4, 2019. https://science.sciencemag.org/content/363/6422/70.

———

　　地表和海洋的溫度上升並不是近期變暖的唯一指標。北冰洋和山地冰川上的冰持續減少，成長季節也在輕微延長。衛星觀測顯示，低層大氣也在變暖。後面的章節將更詳細地討論部分指標。

　　但是，人類的影響在多大程度上推動了暖化？線索之一是觀察過去幾個世紀或更長時間的氣候，那時人類的影響確實可以忽略不計。我們已經看到，在人類影響出現之前，海洋熱含量就有明顯的趨勢。在1850年之前，即圖1.1所示的最早日期，全球溫度異常圖是什麼樣子的？在人類影響氣候之前，是否存在長期上升的趨勢？幾十年來，由於自然因素和／或內部變化，溫度異常的「擺動」程度如何？對這些問題的回答對於瞭解氣候如何對人類的影響做出反應以及它在未來可能呈現的反應至關重要。

　　雖然粗略的溫度計在17世紀中期就已經出現了，但丹尼爾・華倫海特（Daniel Fahrenheit）在1714年才打造了第一具可靠的儀器，而這些儀器直到19世紀中期才被廣泛使用。因此，過去的氣候必須以其他方式來推斷。我們有歷史紀錄，如氣象日記和幾千年前的作物產量，儘管這些紀錄的範圍顯然因時間和地點的差異而有所不同。但古氣候學家可以使用代用指標（proxies）來推斷更久遠的氣候——即測量從過去保存下來材料的溫度敏感特性。[14]一種做法是分析每年隨著樹木生長年輪的厚度和組成。另一個方式是在全球各地鑽孔，測量地底深處地下水的溫度。如同海洋中一樣，更深的地下水攜帶著關於過去更久遠的地表溫度的資訊。

　　圖1.7顯示了過去一千五百年全球溫度異常的幾種不同代用指標重建，以及始於19世紀末的現代儀器紀錄。這次我們的基線是1881年至1980年的平均溫度，以虛線表示。

---

[14]　NOAA. "What Are 'Proxy' Data?" National Climatic Data Center (NOAA), January 1, 2000. https://www.ncdc.noaa.gov/news/what-are-proxy-data.

自西元500年以來的全球地表溫度重建

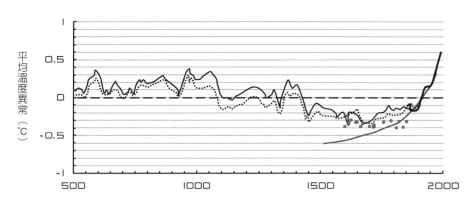

圖1.7 由不同代用指標模式重建的過去一千五百年的全球平均地表溫度異常,以及現代儀器紀錄(黑線)。異常值是相對於1881年至1980年的基線而言的,並經過平滑處理以減少短於五十年時間尺度的變化。[15]

　　正如你所見,幾個世紀的溫暖溫度在西元1000年左右逐漸退位,引發了從1450年至1850年異常寒冷小冰期(Little Ice Age)。隨後是更快速地變暖,一直持續到今天。

　　由於證據有限,最近的評估報告(AR5,圖1.7中的數據取自該報告)對過去三十年的全球暖化超過重建的溫度範圍只具**低信心度**。但北半球(土地面積更大)的代用指標數據更好更豐富,所以AR5認為過去三十年很可能是北半球一千四百年來最溫暖的三十年(三分之二的可能性)的結論有中等信心。

　　如果我們放大來看更長的時間尺度會發生什麼事?樹木年輪可以追溯到過去一萬五千年,但鑽進南極洲或格陵蘭島冰層的冰芯可以回溯得更遠。這些冰層逐年堆積,每一層的屬性(包括困於其中的氣體、同位素組成和灰塵)都帶有關於其形成時氣候條件的資訊。對深層冰芯的分析可以告訴我們遙遠的過去——現存最古老的冰芯可以追溯到近三百萬年前。[16]而海底沉積物的岩芯可

[15] IPCC AR5 WGI, Figure 5.7. https://www.ipcc.ch/site/assets/uploads/2018/02/WG1AR5 Chapter05_FINAL.pdf.

[16] Voosen, Paul. "Record-shattering 2.7-million-year-old ice core reveals start of the ice ages." *Science*, August 15, 2017. https://www.sciencemag.org/news/2017/08/record-shattering-27-million-year-old-

以把將我們帶回一億年前：微小的海洋生物的外殼不斷地從海平面落下，沉積在海底，建立了它們出現和成長條件的連續紀錄。

這些溫度的代用指標都不如用溫度計直接測量來得好。它們只直接反映單一地點的條件，而且解釋起來可能很複雜——例如，樹木的生長不僅對溫度敏感，而且對降雨也敏感。而隨著時間的推移，不確定性也在增加。但代用指標確實能協助我們瞭解，在人類系統地觀察和記錄氣象之前，氣候是如何變化。

圖1.8總結了我們對過去五億年來地球表面溫度的認識，顯示了相對於1960年至1990年基線的全球平均表面溫度異常，單位是攝氏度。[17]圖中有五個不同時間區段，每個區段都跨越了地質上重要事件的間隔。每個區段的時間長度是前區段的十分之一。

地球的溫度

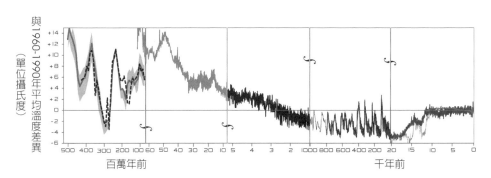

圖1.8 由各種地質代用指標測定延伸至五億年前的五個時期的全球平均地表溫度異常值。

從右側（最近的）區段開始，我們看到全球從大約二萬年前開始變暖，溫度提高約5℃（9°F），當時是冰原大面積覆蓋地球的末期。在過去一萬年裡，相對溫暖和穩定的溫度支撐了文明的快速發展。

在過去一百萬年裡，從右邊的第二個區段開始，快速暖化的時期與緩慢

---

ice-core-reveals-start-ice-ages.

[17] Fergus, Glen. Adapted from https://en.wikipedia.org/wiki/File:All_palaeotemps.png.

變冷的時期交替出現，早期每四萬年左右一次，然後從大約五十萬年前開始每以十萬年循環。這些變化是由地球圍繞太陽軌道和地軸傾斜的輕微變化所驅動的；之前最近的溫暖期始於大約12.7萬年前，持續了約二萬年。在那段時間裡，全球表面溫度異常比今日高2℃（3.6℉），海洋上層溫度比今日高2℃至3℃（3.6℉至5.4℉）。

再往前回溯，如最中間區段所示，有更強烈的波動，其中一些對現代世界產生了影響。例如，石炭紀（Carboniferous）從大約三億六千萬年前延續到大約三億年前，這是演化創造樹木和創造腐爛樹木真菌之間的時間差。由於當時沒有任何方式可以消耗樹木死亡後留下的木材，全球一些大型煤炭礦藏就是在那個時期埋下的。意識到整張圖只顯示最近10%的地球歷史，而現代人直到最近第二個區端中間（幾十萬年以前）才出現，著實發人深省。

————

我希望這一章讓你對氣候科學中涉及的許多活動有了新的認識，並從中得出結論。我們已經在全球暖化的背景下探討這些基礎概念和問題。過去的地表溫度和海洋熱含量的變化，並未完全否定自1880年以來全球平均地表溫度異常上升約1℃（1.8℉）是由人類造成的，但它們確實表明，也有強大的自然力量在驅動氣候，並指出了科學的挑戰，即充分瞭解自然界影響，才能可信地識別氣候對人類影響的反應。換句話說（正如我們在本章中明確指出的），真正的問題不是全球是否在變暖，而是暖化在多大程度上是由人類造成的。

為了回答這個問題，我們需要更廣泛瞭解人類如何（以及在多大程度上）影響氣候，這是下一章的主題。

第二章 ————————

人類的微弱影響

　　如同許多人，我持續關注我的體重。吃得多、運動少會讓我體重增加，而吃得少、保持運動習慣使體重減輕。我吃多少和運動多少並不是唯一的變數——還有如健康、荷爾蒙和遺傳等因素影響我燃燒或儲存卡路里的速度，但總之，我的體重是由吸收和燃燒的卡路里之間的平衡決定，任何不平衡都會很快顯示在體重計上。同樣地，地球的溫度是由太陽光加溫和向太空輻射熱量降溫之間的平衡所決定。

　　在這平衡中，地球吸收陽光能量而變暖。隨著溫度升高，地球向太空發射紅外線輻射，而使地球冷卻。1880年左右，兩位奧地利物理學家發現了一項基本物理定律——斯特凡－波茲曼定律（Stefan-Boltzmann law），它告訴我們，物體發出的紅外線輻射量會以相當可預期的方式隨其溫度增加。因此，當行星的溫度因太陽加熱而上升時，紅外線輻射的冷卻也會增加，直到紅外冷卻與太陽加溫相等。這「恰到好處條件」（Goldilocks condition）的技術用語是「輻射平衡」（radiative equilibrium），在輻射平衡狀態下，行星既不獲得也不失去能量，溫度是穩定的。實現平衡的溫度，即「平衡溫度」（equilibrium temperature），取決於若干因素，最明顯的是行星與太陽的距離。

　　讓我們更仔細地看看平衡中變暖的一面——吸收的太陽光能量。因為地球不是完全黑色，因此只吸收了70%的陽光；另外30%陽光反射回太空，不會使地球變暖。30%的數字對應於地球的反射率，稱之為「反照率」（albedo，字源為拉丁語**albus**，意為「白色」）。當反照率較高時，地球會反射更多的陽光，因此比較涼爽；反之，當反照率較低時，地球會吸收更多的陽光，比較暖和。雖然地球的平均反照率是0.30，但在任何特定時刻的數值都取決於地球的哪一部分正對著太陽（海洋較暗，陸地稍亮，雲層很亮，雪或冰非常亮），而且每月的平均數隨季節變化約±0.01（3月較大，6月／7月較小）。

地球光和反照率

對全球反照率的精確測量對於理解氣候系統非常重要。如果平均反照率從0.30增加到0.31，比如說因為雲量增加了5%，那麼額外的反射率將在很大程度上抵消大氣層中的二氧化碳**倍增**所帶來的暖化影響。

1991年夏天，我對反照率測量產生了個人興趣，當時我與物理學家弗里曼・戴森（Freeman Dyson）和太空人莎莉・萊德（Sally Ride）一起參加了JASON進行的一項研究，這是個獨立的科學家組織，就敏感和緊迫的科學技術問題向美國政府提供諮詢。這項研究的重點是小型衛星在觀測氣候方面的可能用途。[1]這類衛星可以測量的數據之一是地球表面某區域反射回太空的陽光比率。如果有足夠多的衛星覆蓋全球，我們可以將反射比率平均化，以確定全球反照率。事實上，這就是四十多年來測量反照率的方法，只不過是由幾顆大型、昂貴的衛星而不是許多小衛星來測量。[2]

三十年前的JASON研究也促使我重啟一種更古老、更簡單的方法來研究地球的反照率。法國天文學家安德烈・丹容（Andre Danjon）在20世紀30年代初首次測量了地球的反照率。他非常睿智地觀察「地球光」（earthshine），即月球盤「黑暗」區域的微弱光芒，在月相小於弦月時最明顯，如圖2.1所示。由於光來自於地球反射的陽光，然後又被月球表面反射，它的亮度取決於地球的反射率，所以是全球反照率的一種衡量標準。

[1]　Banks, P., J. M. Cornwall, F. Dyson, S. Koonin, C. Max, G. Macdonald, S. Ride, et al. "Small Satellites and RPAS in Global-Change Research Summary and Conclusions." JASON, The Mitre Corporation, January 1992. https://fas.org/irp/agency/dod/jason/smallsats.pdf.

[2]　National Aeronautics and Space Administration. "Measuring Earth's Albedo." NASA Earth Observatory, 2014. https://earthobservatory.nasa.gov/images/84499/measuring-earths-albedo.

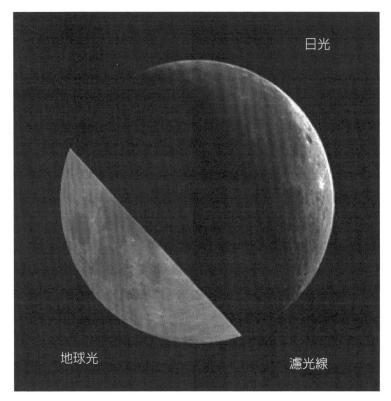

圖2.1　新月上可見的地球光和陽光。圖片的右上部分顯示了被陽光照耀的薄薄的新月，肉眼很容易看到。在該區域上放置強效濾光片（產生穿過圖片下部的線條），使月球盤的其他部分也能看到地球反射的陽光。[3]

　　由於丹容量測到高得令人難以置信0.39的反照率，因此在1950年以後，對地球光的研究變的罕見。但在1991年夏天，JASON研究人員注意到把月球表面多孔穴增強了對地球光反射的因素納入考量，再重新分析丹容的數據後，全球反照率的結果是差不多的。[4]因此，我招募了一些天文學家同事，從1995年開始進行現代地球光觀測計畫。以地球光測量反照率的優點之一是，只需要一架小型望遠鏡和標準相機，而且它是自我校準的（self-calibrating），因為地球光

[3]　Image courtesy of P. Goode et al., Big Bear Solar Observatory.

[4]　Flatte, S., S. Koonin, and G. MacDonald. "Global Change and the Dark of the Moon." JASON, The Mitre Corporation, 1992. https://fas.org/irp/agency/dod/jason/dark.pdf.

的亮度可與同一圖像中的陽光相比較。這將使未來的研究人員在幾十年甚至幾個世紀後，可以使用當時可用的任何儀器來複製測量。

　　精確的氣候觀測，無論是通過衛星還是其他方式，往往要經過持續的改良過程，直到研究人員得到正確的結果。我們的地球光工作也不例外。最終我們能夠確定1999年至2014年的年平均反照率，精確到±0.003，沒有顯示出明顯的趨勢，與衛星量測值一致。[5]不確定性大約是衛星探測值的兩倍，但成本只有千分之一。瞭解月球上可見的地球反射光的變化，也被證明是對我們研究其他行星能力的很好測試，這些行星圍繞其他恆星運行，可由行星反射的恆星光線觀測。[6]這就是科學的意外連結。

　　知道了地球的反照率（根據全球的平均數以及每日和每季的週期），我們能夠以平衡吸收太陽光和紅外線冷卻來確定平衡溫度。正如我們所討論到的，冷卻隨著溫度的升高而加強——如果地球變得更熱，就會釋放出更多的熱量，這使地球成為恆溫器。計算吸收散發平衡來確定地球的平衡溫度，是每個嚴肅的氣候課程開始時的基本課題。它測得的平均地表溫度為……-18℃（0℉）。

　　但-18℃（0℉）並不正確，遠遠低於地球實際的全球平均溫度15℃（59℉）。缺少的是大氣層中的溫室氣體所提供的隔熱，它將我們星球的表面溫度提高到現有觀察值。這個隔熱體是如何運作的，最好用故事來說明。

　　2010年1月，當我擔任能源部的科學副部長時有幸前往南極。[7]能源部協助在南極洲周邊的美國麥克默多站（McMurdo Station）和紐西蘭斯科特基地

5　Palle, E., P. R. Goode, P. Montañés-Rodríguez, A. Shumko, B. Gonzalez-Merino, C. Martinez Lombilla, F. Jimenez-Ibarra, et al. "Earth's Albedo Variations 1998-2014 as Measured from Ground-Based Earthshine Observations." *Geophysical Research Letters*, May 5, 2016. https://agupubs.onlinelibrary.wiley.com/doi/full/10.1002/2016GL068025.

6　Turnbull, Margaret C., et al. *Astrophysical Journal* 644 (2006): 551. https://iopscience.iop.org/article/10.1086/503322/meta.

7　Clough, G. Wayne. "Antarctica!" *Smithsonian Magazine*, May 1, 2010. https://www.smithsonianmag.com/arts-culture/antarctica-13629809/.

（Scott Base）之間的山脊上安裝了三具風力渦輪機。這些渦輪機所產生的電力將能減少必須由油輪運來的柴油數量。屆時將舉行落成儀式，我有幸是代表團中的一員。

我從華盛頓特區飛往洛杉磯，然後經奧克蘭前往紐西蘭的基督城。在那裡，我們的代表團換上了極端寒冷氣象（ECW）裝備——隔熱工作服、毛皮風雪大衣、羊毛衫、厚靴子、羊毛帽、手套和護目鏡。第二天早上，我們登上了一架由紐約國民兵駕駛的軍用貨運飛機。接下來的五個小時航程不大舒服：我們必須穿上ECW的裝備，以防飛機出現問題，我們需要匆忙逃生。那次向南的長途飛行將我們帶到了飛馬機場，距離麥克默多站大約二十英里的冰架對面。

當天傍晚我們為風力渦輪機舉行落成典禮，第二天早上，我們乘坐貨運螺旋槳飛機進一步向南深入參觀南極。溫度是-33℃（-27℉）；我們停留了八個小時。我之所以能夠享受這趟奇妙的旅程，要歸功於防寒裝備的隔熱性能，它攔截我身體的熱量，阻止我身體的熱量流向周圍的空氣。

如同防寒裝備，大氣層中的溫室氣體攔截並阻止紅外線熱量從地球表面流向太空。如圖2.2所示，其中一些熱量又回到了地表，並造成額外的升溫（溫室效應）。人們常說，溫室氣體「捕獲」（trap）了熱量，這給人熱量永遠不會逸出的印象。但正如前面所言，所有的熱量最終必定輻射回太空，以保持地球的能量平衡。輻射熱量必須非常精確地平衡所吸收的太陽能，範圍小於0.5%。否則地球變暖或變冷的速度將比目前快得多。因此，當討論溫室氣體對地球表面的熱量流動的影響時，更合適的比喻是「捕捉和釋放」（catch and release）。出於此因，後續討論我將使用「攔截」（intercept）和「阻礙」（impede），而不用「捕獲」。

構成地球大氣最常見的氣體是氮氣（78%）和氧氣（21%）。這兩種氣體合起來占乾燥大氣的99%，並且由於特殊的分子結構，熱量很容易可以通過它們。剩下1%大氣中占比最大的是惰性氣體氬氣（argon）。但是，儘管數量更少，其他一些氣體——最主要的是水蒸氣、二氧化碳、甲烷（methane）、一氧化二氮（nitrous oxide）和臭氧（ozone）——平均攔截了約83%地球表面逸散的熱量。[8]因此,地球確實排放了相當於從太陽吸收的能量,但不是直接流向太空,將我們星球冷卻到寒冷的平均0℉,而是大部分能量被覆蓋在我們身上的大氣層攔截。

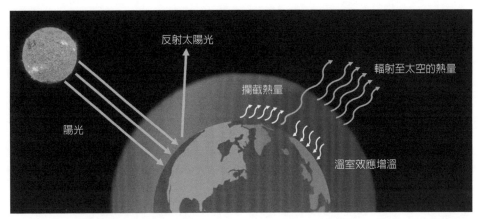

圖2.2　陽光和熱量在地球氣候系統中的流動。大約30%照到地表太陽輻射被反射,而大氣層攔截了80%以上的從地表發出的紅外線輻射。

　　水蒸氣是溫室氣體中最重要的氣體。當然,在任何特定的地點和時間,大氣中水蒸氣的數量變化很大(濕度隨氣象變化很大)。但平均而言,水蒸氣只占大氣層分子中的0.4%左右。即便如此,水蒸氣擁有90%以上大氣層攔截熱量能力。第一個研究氣體紅外特性的愛爾蘭物理學家約翰‧丁達爾(John Tyndall)在1863年傳神地陳述水蒸氣的重要性。

　　水性(水)蒸氣是條毯子,對英國的植物生命來說比衣服對人的重要性更高。從遍布這個國家的空氣中抽出一個夏夜的水蒸氣,你肯定會摧毀所有能夠被冰凍低溫摧毀的植物。我們的田野和花園的溫暖將單向地傾

8　Harde, Hermann. "Radiation Transfer Calculations and Assessment of Global Warming by CO2." *International Journal of Atmospheric Sciences*, March 20, 2017. https://www.hindawi.com/journals/ijas/aip/9251034/.

瀉到太空中，太陽將在被霜凍鐵鉗緊緊牢握的島嶼邊緣升起。[9]

第二種最重要的溫室氣體二氧化碳（CO_2），與水蒸氣不同，它在大氣中的濃度在全球內基本相同。目前，二氧化碳占大氣層攔截熱量能力的大約7%。二氧化碳的不同之處還在於，人類活動影響了它的濃度（即空氣分子中二氧化碳的比例）。自1750年以來，其濃度已從百萬分之二百八十（280ppm）增加到2019年的百萬分之四百一十（410ppm），並且每年繼續上升2.3ppm。儘管現今大部分空氣中的二氧化碳是非人為的，但毫無疑問，二氧化碳濃度上升是，而且一直是，由於人類活動產生，主要是燃燒化石燃料。

在過去的二百五十年裡，人類釋放到大氣中的二氧化碳增加了大氣阻礙熱量逸散的能力（就像使隔熱層更厚），並對氣候產生了越來越大的暖化影響。在任何地方和時間，隔熱層的確切增加取決於溫度、濕度、雲量等。以一般晴空（無雲）條件為例，從1750年到今天，增加的二氧化碳使攔截的熱量從82.1%增加到82.7%。而隨著二氧化碳數量的持續增加，大氣層的熱攔截能力（以及由此產生的暖化影響）也將增加；在晴空條件下，二氧化碳濃度從1750年的280ppm增加兩倍到560ppm，攔截的熱量將增加到83.2%。濃度的增加僅相當於每一萬個分子中增加2.8個分子——換句話說，每一萬個空氣分子中增加不到三個二氧化碳分子，將使攔截的熱量從82.1%增加到83.2%，或者說增加約1%。

看到這裡，你可能對兩件事感到困惑。首先，在一萬個分子中改變不到三個分子，也就是0.03%的變化，怎麼可能使大氣層的熱攔截能力增加約三十倍（1%）？其次，僅僅增加1%的熱攔截能力怎麼會有這麼大的影響？

第一個問題的答案取決於地球為保持冷卻而發出的紅外（熱）輻射的細節。雖然我們已經討論過熱輻射的總量如何平衡太陽光的暖化，但輻射實際上是分布在不同波長的光譜上。把這些光譜想像成不同「顏色」，儘管我們的眼

9　Baum, Rudy M. "Future Calculations." Science History Institute, April 19, 2019. https://www.sciencehistory.org/distillations/future-calculations.

睛無法看見。最重要的溫室氣體水蒸氣只攔截部分顏色，但因為幾乎百分之百地阻擋了這些顏色，所以在大氣中添加更多的水蒸氣不會使隔熱層變得更厚——這就像在已經是黑色的窗戶上再塗一層黑漆。但對於二氧化碳來說情況並非如此。二氧化碳分子攔截了水蒸氣所遺漏的一些顏色，這意味著幾個二氧化碳分子就能產生更大的影響（就像在透明窗戶上的第一層黑漆）。因此，二氧化碳分子的更大效力取決於，它如何攔截水蒸氣無法捕捉的熱輻射方面——這也是為什麼在試圖理解人類對氣候的影響時細節很重要的另一個例子。

　　圖2.3說明了其中的一些細節。它顯示了離開大氣層頂部的熱輻射量如何隨輻射的顏色（即紅外線輻射的光譜）而變化。如果沒有大氣層，光譜將對應於圖中光滑的灰線，這是由斯特凡－波茲曼定律的基本物理所描繪的曲線。該曲線下的區域對應於輻射的冷卻能力。較淺的參差不齊的灰線顯示了除二氧化碳以外的所有主要溫室氣體存在時的光譜情況（所以二氧化碳為0ppm）。這些氣體加總在一起，使輻射的冷卻能力減少了大約12.1%。這條線的所有起伏都來自各種溫室氣體分子的詳細特性，最重要的是水蒸氣，還有甲烷和臭氧。黑色實線顯示，當二氧化碳的濃度為400ppm（大約是今天的濃度）時，冷卻能力進一步減少7.6%（隔熱能力增加）。最後，黑色虛線顯示，當二氧化碳濃度提高到800ppm（大約是今天的兩倍）時，冷卻能力又損失了0.8%；這一變化在大曲線的兩側幾乎看不到。

　　從這張圖中我們獲得兩項重要資訊：一是光譜的複雜性——幾十萬個分子特性，其中許多是在實驗室中測量的，用於創建這些模擬光譜，它們與衛星觀測結果非常吻合。第二，儘管在現今濃度下二氧化碳的影響是顯著的（7.6%），但由於我們已經討論過的「漆黑窗」效應，二氧化碳濃度倍增並沒有改變什麼（額外的0.8%）。

　　但現在讓我們回到剛才的第二個問題上。1%的攔截熱量變化為何如此重要？

二氧化碳對地球熱光譜的影響

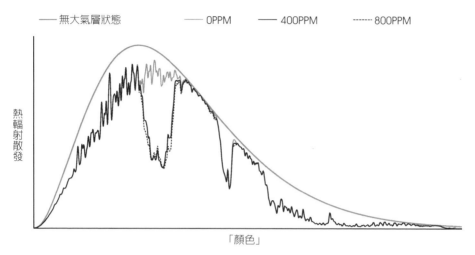

圖2.3　熱量自大氣層頂端散發的光譜。平滑的灰色曲線對應的是沒有大氣層的狀態，而尖銳的灰色曲線（0ppm）對應的是有二氧化碳以外的所有主要溫室氣體（水蒸氣、甲烷、臭氧和氧化亞氮）的狀態。黑色實線和黑色虛線顯示了當二氧化碳的濃度分別為400ppm和800ppm時，光譜如何變化。在只有一條可見曲線可見之處，表示所有的曲線重合。[10]

　　IPCC的氣候模型預測，將二氧化碳濃度從工業化前的水準提高一倍——造成我們討論過的1%的攔截熱量的變化——將使平均地表溫度提高約3℃（5.5℉）。由於我們已經說過全球的平均表面溫度是15℃（59℉），上升3℃代表溫度增加20%（15℃中的3℃）。但在華氏尺度上，同樣的溫度變化是平均溫度59℉上升5.5℉：上升幅度為10%。為什麼上升幅度會取決於我們使用哪種溫標？而且，無論如何，這些數字中的任何一個，無論是20%還是10%，似乎都太大了。1%大氣層攔截熱量的變化怎麼會產生如此巨大的影響？

　　物理學家通常期望變化是相稱的——1%的截熱變化應該產生類似於1%的溫度變化——當狀況不是這樣時，就表示我們少了一塊拼圖。

　　在這個例子中，缺失的拼圖就是溫標。斯特凡－波茲曼定律，正如本章

10　Simulations courtesy of W. A. van Wijngaarden and W. Happer, corresponding to a clear atmosphere with a typical mid-latitude temperature profile and a surface temperature of 288.7 K. The methodology is described in https://arxiv.org/pdf/2006.03098.pdf.

開頭所述，描述了地球輻射的熱量與溫度之間的關係，是以絕對溫度為框架的，而絕對溫度是以絕對溫標（Kelvin scale，克氏溫標）測量的。攝氏刻度和華氏刻度都是以水的特性為基礎，在0℃（32℉）時凍結，在100℃（212℉）時沸騰。絕對溫標是以絕對零度為基礎的，在絕對零度溫度下，物質冷至根本不會發散出任何熱量（0K=-273.15℃或-459.67℉）。絕對溫標和攝氏度級距相同（每度K為1.8℉），因此地球的平均表面溫度為15℃（59℉），對應於大約288K。然後，地表溫度上升3℃（或3K或5.5℉）對應於288K中的3K升溫，或大約1%，與二氧化碳濃度倍增時大氣攔截熱量的能力增加1%一致。

因此，在對我們來說重要的尺度上，氣候系統是相當敏感的——在過去幾個世紀中，我們看到的平均表面溫度的幾度變化（在本世紀中也可能看到）對應於物理上的微小影響（大約1%）。高敏感性使弄清楚地球將如何應對溫室氣體水準上升的任務變得非常複雜，特別是因為溫室氣體不是唯一的影響因素。

不幸的是，理解氣候系統如何對人類的影響做出反應，很像試著理解人類營養和減肥之間的聯繫，這至今仍是著名的未解難題。做個想像實驗，我們每天讓某些人多吃半根黃瓜，約等於每天在飲食中增加二十卡路里，比成人每天平均二千卡路里的飲食量增加1%。一年之後，看看他們的體重增加了多少。當然，我們需要知道許多其他事情，以便從結果中得出任何有意義的結論。他們還吃了什麼？他們做了多少運動？健康或荷爾蒙是否有任何變化，影響他們燃燒卡路里的速度？要瞭解額外增加黃瓜的效果，必須對許多事件進行精確的測量，儘管我們預期，在其他條件相同的情況下，增加的卡路里會增加一些體重。

正如黃瓜實驗，人類造成的二氧化碳和氣候的問題是，所有其他因素**不一定**相同，因為還有其他因素（驅動力）影響氣候，包括人類的和自然的，可能會混淆情況。在人類對氣候的其他影響中，有甲烷排放到大氣中（來自化石燃料，但更重要的是來自農業）和其他次要氣體，它們共同產生的暖化影響幾乎與人類產生的二氧化碳影響一樣大。

並非所有人類的影響都是暖化。氣懸膠體／氣膠（aerosol）是大氣中的細小顆粒，如低品質煤燃燒產生的顆粒。它們導致嚴重的健康問題，每年造成數百萬人死亡。但它們一方面本身反射陽光，另一方面也產生反射陽光的反射雲，使全球的反射率更高。人類造成的氣懸膠體，加上土地使用的變化，如砍伐森林（牧草比森林的反射率高），增加了反照率，因此產生了淨冷卻影響，抵消了約一半人類排放的溫室氣體造成暖化影響。

還有自然因素：火山噴發將氣懸膠體高高拋入平流層（stratosphere），並停留數年，比一般時期反射更多陽光，因此產生了冷卻效應。火山噴發無法預期，但有時它們的重要性足以在幾個月內完全抵消人類的影響，因此必須納入考量〔例如，在1991年6月皮納圖博火山（Mt. Pinatubo）爆發後的十五個月裡，地球溫度降低了約0.6℃[11]〕。而太陽的強度在幾十年內哪怕只有千分之幾的變化（由於太陽的內部變化），也會改變抵達地球的陽光量，使我們嘗試釐清影響地球微妙能量平衡中的人類和自然力量的工作更加棘手。但是，如果我們要瞭解氣候對持續增長的二氧化碳濃度的反應，重要的是要知道其他影響因素是什麼，影響有多大，以及它們如何、何時發揮作用。

流入和流出氣候系統的能量以瓦／平方公尺（W/m^2）計算。地球吸收的太陽光能量（以及地球輻射的熱能）平均為239 W/m^2。一個一百瓦的白熾燈泡發出，嗯，一百瓦能量（幾乎都是熱量），這代表地球輻射的熱量約等於在表面每平方公尺（十一平方英尺）點亮兩個多的燈泡。今天，人類的影響略高於2 W/m^2，或略低於自然流量的1%（與人類日常飲食中多出半根黃瓜的影響差不多）。

人們經常對另外兩個非陽光來源投入氣候系統的熱量感到好奇。一個是流出地球表面的地熱。雖然它在局部來源（如火山、溫泉和海底的噴口）影響可能相當大，但全球平均只有0.09 W/m^2，小至無法對氣候的能量平衡產生實質的直接影響。然而，可能會有間接的影響，例如南極冰川下的火山融冰。[12]

---

[11] NASA. "Global Effects of Mount Pinatubo." NASA, 2020. https://earthobservatory.nasa.gov/images/1510/global-effects-of-mount-pinatubo.

[12] Iverson, Nels A., et al. "The first physical evidence of subglacial volcanism under the West Antarctic Ice Sheet." *Nature*, September 13, 2017. https://www.nature.com/articles/s41598-017-11515-3.

　　輸入氣候系統的另一個熱源是人類從化石燃料和核材料中獲取的能量。在這些能量被用於加熱、移動和發電後，熱力學第二定律保證幾乎所有的能量終歸在氣候系統中成為熱量，最終與地球的自然熱量排放一起被輻射到太空中（極小部分會以可見光的形式，經由透明大氣層直逸散到太空，但即使如此，最終也會在「外面」的某處變成熱量）。人類的熱量確實可以影響到能源使用集中地區的氣候（例如在城市和發電廠附近）。但在全球範圍內，目前平均只有0.03 W/m²，比氣候系統的自然熱流量小一萬倍，比其他人類影響小一百倍。

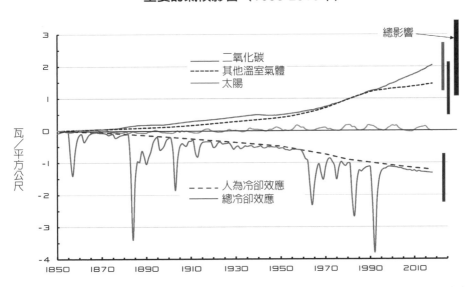

重要的氣候影響（1850-2018年）

圖2.4　人類和自然對氣候的影響，1850年至2018年。人類造成的二氧化碳和其他溫室氣體〔包括甲烷、鹵碳化合物（halocarbons）、臭氧和氮氧化物〕產生了暖化的影響，而人類造成的氣懸膠體和土地反照率的變化產生了冷卻影響。大規模火山爆發造成的偶發性自然冷卻和太陽強度的微小變化也包含在圖中。右方橫條圖顯示了今天每種作用力2σ（兩個標準差）不確定性，也顯示了所有作用力的總和。[13]

　　圖2.4顯示了人類和自然對氣候的全部影響，說明了我們已經討論過的大部分內容。我們可以看到溫室氣體暖化的增長（主要來自二氧化碳和甲烷濃度

[13]　CMIP5 forcings downloaded from https://data.giss.nasa.gov/modelforce/.

的上升，但也包括其他人類排放的溫室氣體），而且已經被日益增長的氣懸膠體冷卻效應抵消。大型火山噴發帶來的偶發性冷卻也是很明顯的。我們還可以看到，在1950年以前，人類的總影響（「二氧化碳」、「其他溫室氣體」和「人為冷卻」的總和）還不到現在的五分之一。

　　圖2.4還顯示了我們對這些不同影響因素的不確定性。雖然二氧化碳和其他溫室氣體的暖化效應已知在20%以內，但人類產生氣懸膠體的冷卻影響不確定性要高得多，這使得人類造成的總驅動因素有50%的不確定性——也就是說，我們可以說，當前人類的淨影響很可能落在1.1 W/m²和3.3 W/m²之間。

────────

　　目前人類的影響只占流經氣候系統能量的1%，這是具重要意義的事實，並代表有很多東西需要瞭解。為了有效地測量它們和它們的影響，我們必須觀察和理解氣候系統中較大的部分（其他99%），精確度要比1%高。較小的自然影響也必須以同樣的精確度被理解，而且我們必須確保它們都被計算在內。這是巨大的挑戰，因為我們在有限的時間內只能對對氣候系統進行有限的觀測，而且氣候系統的不確定性仍然很高。

　　比較有無相關因素的氣候模型可以闡明人類的影響在最近的氣候變遷中所發揮的作用，以及推測隨著這些影響的增加，氣候在未來可能會發生什麼變化。到目前為止，人類對氣候系統最大的影響，以及幾乎所有氣候政策都關注的影響，是溫室氣體的排放。但是，我們對這些氣體的排放和它們的影響之間的關係比你可能想像的要複雜。因此，在我們轉向模型之前，讓我們仔細看看這些氣體及其去向。

第三章

排放的解釋與推斷

　　2008年時，我是BP石油公司的首席科學家，專注於加速可再生能源技術。我受邀參加菲利普親王（Prince Philip）在白金漢宮舉辦的小型晚宴。我身穿晚禮服，搭倫敦計程車到達皇宮庭院；通過快速的安全檢查後，我和其他客人一起被帶入接待室。在餐前飲料和閒聊之後，包括菲利普親王、安妮長公主（Princess Anne）、英國石油公司首席執行官約翰・布朗（John Browne）以及其他來自英國學術界、商界和政府的知名人士在內的大約十四人，進入一間更寬敞的房間，圍著一張大餐桌坐下。

　　菲利普親王表示歡迎並提醒我們今晚的主題是氣候和能源時，同桌之間的閒聊安靜了下來。然後，他向大家提出了關於二氧化碳排放和全球氣溫上升之間關係的問題，以此開始了談話。王子的提問極具技術性，以至於席間出現了尷尬的沉默——直到鄙人，我這位厚臉皮的美國科學家用布魯克林口音發言，就紅外活性分子、「黑窗」效應以及大氣濃度和排放之間的關聯進行了一個小型講座。我贏得愛丁堡公爵點頭讚賞，我發現他的知識相當豐富。

　　我懷疑公爵在提出問題前，已經知道了他談話問題的答案。無論如何，在一頓豐盛的晚餐中進行的熱烈討論，反映了我所參與的許多其他討論——我發現非專家渴望暸解複雜而微妙的氣候和能源問題，以及對我們所面臨的問題的性質和規模感到困惑。

　　影響氣候的最重要的人造溫室氣體是二氧化碳（CO_2）和甲烷（CH_4）。它們在大氣中的濃度正在增加，因為我們正在排放這些氣體；這就是為什麼減少人類對氣候影響的努力側重於減少排放。但關鍵是：濃度和排放之間的關聯並不單純，特別是二氧化碳，兩者複雜的關係大大地增加了減少濃度的挑戰。

本章是關於運動（movement）── 主要是碳的運動。在二氧化碳於地殼、海洋、植物和大氣中移動的巨大自然循環中，人類排放是相對較小的添加物。正如你將看到的，在任何情況下，我們對自然循環中添加二氧化碳將持續幾十年。儘管聲稱氣候模型預測精確，但人類碳排對氣候的影響是非常不確定的。

────────

加州拉霍亞（La Jolla）的斯克里普斯海洋研究所（Scripps Institution of Oceanography）的地球化學家查爾斯・大衛・基林（Charles David Keeling）於20世紀50年代在加州理工學院做博士後研究時開始精確測量二氧化碳濃度。他早期一項意外發現是1957年和1959年之間的二氧化碳濃度增加了1%。這項發現促使他開展一項規模更大、長期的監測二氧化碳濃度的計畫，該計畫後來擴大到包括大氣中的其他氣體。大約四十年後的一個夏季，我在拉霍亞參加JASON活動時，有幸與基林博士〔大家都叫他「戴夫」（Dave）〕交談。我發現他是一位安靜的、深思熟慮、精確的人，他專注於做他的工作，他知道這對世界很重要。

圖3.1顯示了「基林曲線」（Keeling curve），即每月在夏威夷茂納洛亞火山（Mauna Loa）測量的大氣中的二氧化碳濃度。來自這個偏遠島嶼的數據，遠離可能歪曲觀測結果的大量地域碳排來源，是對全球「背景」濃度的良好衡量。測量結果顯示，二氧化碳濃度從1960年的310ppm穩步上升到2019年的410ppm；在過去十年中，濃度每年上升約2.3ppm。而左上插圖顯示的是這幾十年趨勢中的年度循環，二氧化碳濃度按季節上下浮動了2.4ppm。在世界各地測量二氧化碳濃度的趨勢和週期，有助於說明現況。

讓我們從頭說起。地球在四十五億年前形成，擁有固定的碳含量。今天，這些碳在地球的幾種不同環境下被發現，即所謂的「庫」（reservoirs）。迄今為止，最大的二氧化碳庫是地殼，幾乎包含了地球上所有的碳，約十九億吉噸

月均二氧化碳濃度（1958-2020年）

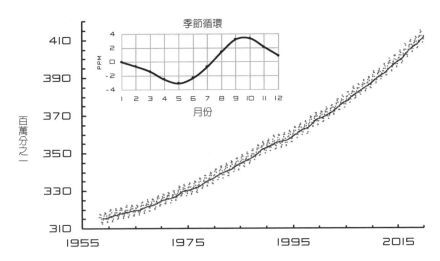

圖3.1　1958年至2020年在夏威夷茂納洛亞火山測量的二氧化碳月平均濃度。插圖顯示平均季節性變化。[1]

（gigaton，一吉噸為十億噸，縮寫為Gt）。[2]其次是海洋，約四萬吉噸，幾乎存在遠低於海平面的下方。還有大約二千一百吉噸儲存在陸地上的土壤和生物中，以及地底下五千至一萬吉噸的化石燃料中。大氣層中約有八百五十吉噸的碳，幾乎都是以二氧化碳的形式存在，相當於地球表面或附近（土壤、植物和淺海）碳含量的25%，但只占海洋中碳總量的2%。[3]

　　強大的自然過程使地球上的碳在這些儲存庫中遷移，通常是以改變化學形式進行。這些過程中最重要的是光合作用，隨著植物的生長，約有四分之一大氣中的碳流向地表——經由光合作用將大氣中的二氧化碳轉化為有機物，然後通過呼吸作用和有機物的分解將碳送回大氣中。事實上，北

[1]　Scripps Institution of Oceanography, UCSD. "Home: Scripps CO2 Program." Scripps CO2 Program, 2020. https://scrippsco2.ucsd.edu/.

[2]　Amos, Jonathan. "Scientists estimate Earth's total carbon store." BBC.com, October 1, 2019. https://www.bbc.com/news/science-environment-49899039.

[3]　Estimates from IPCC AR5, Chapter 6, Figure 6.1. https://www.ipcc.ch/site/assets/uploads/2018/02/WG1AR5_Chapter06_FINAL.pdf.

半球的植物生長是使圖3.1插圖中茂納洛亞火山背景二氧化碳濃度在2月至7月下降的原因；這是地球的「呼吸」。其他緩慢許多的過程將碳從海洋表面轉移到海洋深處，然後最終變成岩石，例如由海洋生物的外殼形成的石灰岩和大理石。

　　燃燒化石燃料所排放的二氧化碳擾亂了這龐大年度循環的平衡，因為這些碳已經從隔離於這些自然過程的地下深處被抽取出來。目前，使用化石燃料為碳自然循環增加的量約為每年流量的4.5%。每年增加的碳約有一半被地表吸收（二氧化碳濃度不斷上升，使地球大部分地區的植被增加），其餘的留在大氣中，提高了大氣中二氧化碳濃度。這種情況正如我們在地球的能量流動中所見小而穩定的人類碳排逐漸增加到規模龐大許多的自然過程中。

　　如圖3.2所示，所有溫室氣體的全球排放量正在迅速上升。在過去的五十年裡，它們每年上升1.3%，儘管在截至2018年的十年裡，上升速度稍慢（每年1.1%）。如果趨勢長期持續下去，2075年的排放量將是現在的兩倍。幾乎所有排放量的增加都是由於使用化石燃料所產生的二氧化碳（土地使用的變化，如砍伐森林，排放出植物和土壤中儲存的碳量要少得多）。繼二氧化碳之後的第二大貢獻者是甲烷（CH_4），而一氧化二氮（N_2O）和氟化氣體〔fluorinated gases，F-gases，如氫氟烴（HFCs）〕所占的比例要小很多。

　　我不知道是否有專家對過去一百五十年中二氧化碳濃度上升幾乎完全是由人類活動造成的說法提出異議，因為有五項獨立的證據支持這一結論。一個是上升的時間──過去一萬年來空氣樣本中的濃度在260ppm至280ppm之間變化，然後在19世紀中期開始急遽上升。第二，上升的規模與我們從燃燒化石燃料所排放的二氧化碳中所預期的相差無幾。第三，北半球的上升幅度領先於南半球大約兩年──大多數化石燃料在北半球燃燒，那裡有更多的土地和人口，而且隨著排放量的增加，領先時間正在增加。

年度溫室氣體排放量（1970-2018年）

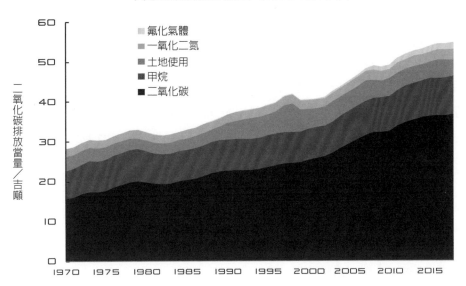

圖3.2　1970年至2018年的全球溫室氣體年度排放量。非二氧化碳氣體的排放以二氧化碳當量表示。[4]

　　第四種更不易察覺的線索來自於碳同位素──相對罕見的碳原子，比普通碳原子重約8%。地球上大約1.1%的碳是同位素^{13}C，其餘是較輕的同位素^{12}C。但^{12}C和^{13}C的比例在各種形式的碳中並不一樣。特別是，生命的化學反應對^{12}C有非常輕微的偏好，因此生物體內的碳（相對於地殼中的礦物碳而言）比較「輕」；也就是說，生物體內的^{13}C比例略低。由於幾十年來大氣層中的二氧化碳逐漸變「輕」，我們可以推斷它來自於化石燃料的燃燒，畢竟這些燃料曾經是生物。最後，過去三十年的測量結果顯示，大氣中的氧氣濃度有微小但可量測的穩定下降。減少量太低了，根本不會引起對我們呼吸能力的任何困擾，但與將化石碳轉化為二氧化碳所需要的量大致相符。

[4]　Olivier, J.G.J., and J.A.H.W. Peters. "Trends In Global Co2 And Total Greenhouse Gas Emissions." PBL Netherlands Environmental Assessment Agency, The Hague, May 26, 2020. https://www.pbl.nl/sites/default/files/downloads/pbl-2020-trends-in-global-co2-and-total-greenhouse-gas-emissions-2019-report_4068.pdf.

　　正如氣候科學中的慣常，放大到地質年代尺度來觀察，會給我們相當不同的視野。在過去，移動地球上碳的自然過程是不同的，因此按照地質學的標準，今日的地球相當渴望大氣中的二氧化碳。圖3.3顯示了對過去二氧化碳濃度的估計。橫軸是地質時間，延伸到大約5.5億年前的寒武紀（Cambrian period）時期。縱軸是過去大氣中的二氧化碳濃度與過去幾百萬年的平均濃度（約300ppm）的比率。這份特殊的代用紀錄來自於分析碳酸鹽沉積物和古土壤（paleosol，化石土壤）中^{13}C相對於^{12}C的比例。其他代用指標也得到類似的結果。

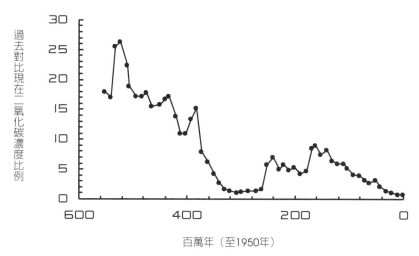

過去5.5億年來的二氧化碳濃度

過去對比現在二氧化碳濃度比例

百萬年（至1950年）

圖3.3　從5.5億年前至今，大氣中的二氧化碳濃度。根據碳酸鹽沉積物和化石土壤中的同位素比率，測定的數值是相對於過去幾百萬年的平均數而言的；今天的濃度在這尺度上大約是1.3，位於右下角。[5]

5　Berner, Robert A., and Zavareth Kothavala. "Geocarb III: A Revised Model of Atmospheric CO2 over Phanerozoic Time." *American Journal of Science* 301 (2001): 182-204. http://www.ajsonline.org/content/301/2/182.abstract.

在地質史上只有一次——三億年前的二疊紀（Permian period）——大氣中的二氧化碳水準與現在一樣低。在二氧化碳水準比今天高五倍或十倍時，植物和動物的生命都很旺盛。但那是不同的植物和動物。因此，雖然二氧化碳本身對地球來說並不特別令人擔憂，但令人憂慮的**是**，由於現今的生命已經演化至非常適合低水準二氧化碳的環境（生理結構上的現代人類在大約二十萬年前才出現，位於本圖的最右邊），過去一世紀大氣中快速增長的二氧化碳可能會產生破壞性影響。在一般教室或禮堂中，二氧化碳濃度高達1,000ppm（是今天露天空氣中濃度的2.5倍）是很常見的。此時人類開始感到昏昏欲睡，所以當學生在我的課堂上開始打瞌睡時，我寧可相信是二氧化碳濃度的緣故，而非我的授課品質。更嚴重的生理影響始於2000ppm以上。然而，如果過去十年的趨勢繼續下去，大約二百五十年後濃度才會達到1,000ppm，也就是本圖中的縱軸刻度3.3。[6]

二氧化碳是人類造成氣候最大影響的單一溫室氣體。但最值得關注的原因還在於二氧化碳在大氣／地表循環中停留的時間很長。今天排放的任何二氧化碳，約有60%將在二十年後留在大氣中，30%至55%將在一個世紀後仍然存在，15%至30%將在一千年後仍然存在。[7]

二氧化碳長期停留在大氣中的簡單事實，是減少人類對氣候影響的基本障礙。任何排放都會增加濃度，只要繼續排放，濃度就會不斷增加。換句話說，二氧化碳不像霧霾，在停止排放後幾天就會消失；多餘的二氧化碳需要幾個世紀才會從大氣中消失。因此，適度減少二氧化碳的排放只會減緩濃度的增加，而非使之消失。為穩定大氣二氧化碳的濃度，以及它的暖化影響，**全球不得不完全停止排放二氧化碳**。

甲烷是人類產生的第二大溫室氣體，在過去的一個世紀裡也在持續增加，因此也對氣候產生了越來越大的暖化影響。與二氧化碳相同，甲烷濃度（見圖

[6]　NOAA. "Atmospheric CO2 Growth Rates: Decadal Average Annual Growth Rates, Mauna Loa Observatory（MLO），1960-2019." CO2 Earth, November 2020. https://www.co2.earth/co2-acceleration.

[7]　IPCC Fifth Assessment Report（AR5），WGI（The Physical Science Basis），WGI Box 6.1 Figure 1.

3.4）顯示出長期上升趨勢和年度週期。1998年至2008年之間增加平緩的原因是氣候科學的另一項謎題。與二氧化碳相同，今天的甲烷濃度比過去幾百萬年的濃度高得多，大約在四千年前開始急遽上升。[8]

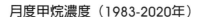

月度甲烷濃度（1983-2020年）

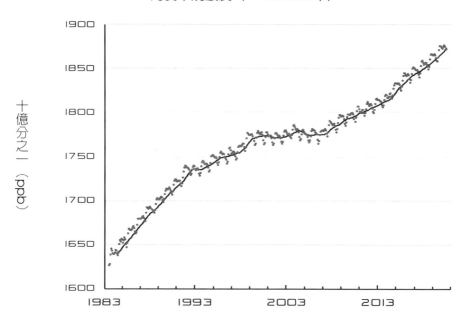

圖3.4　1983年至2020年大氣中的甲烷濃度。月平均數值以十億分之一（ppb）表示。實線是十二個月的追蹤平均值。[9]

　　但是，甲烷和二氧化碳之間有幾個重要的差別。一是大氣中甲烷的濃度要低得多（十億分之二**千**，約是二氧化碳400ppm的兩百分之一）。另一項差別

[8]　National Research Council. *Radiative Forcing of Climate Change: Expanding the Concept and Addressing Uncertainties*. Washington, DC: The National Academies Press, 2005: Figure 3-4. https://www.nap.edu/read/11175/chapter/5#73.

[9]　US Department of Commerce, NOAA. "Global Monitoring Laboratory—Data Visualization." NOAA Earth System Research Laboratories, October 1, 2005. https://www .esrl.noaa.gov/gmd/dv/iadv/graph.php?code=MLO&program=ccgg&type=ts.

是，甲烷分子在大氣中只停留約十二年——儘管在此之後，化學反應會將其轉化為二氧化碳。第三個差別是，由於分子與不同顏色的紅外線輻射相互作用的特殊性，大氣中每增加一個甲烷分子會比一個二氧化碳分子的暖化效果強三十倍。在比較CH_4和CO_2的排放時，必須考慮到這些差異——較低的濃度和較短的停留週期，但具更大的暖化效力。例如，人類每年排放的三億噸甲烷僅占燃燒化石燃料所排放的三百六十億噸二氧化碳的0.8%。但如圖3.2所示，這些甲烷卻有不成比例的暖化影響，相當於一百億噸的二氧化碳。

　　甲烷另一個讓許多人感到訝異的是，如圖3.5所示，化石燃料僅占全球人類產生甲烷排放量的四分之一。相對地，大多數甲烷排放來自腸道發酵（牛的消化——主要由動物的口腔排放，而非排泄系統）和其他農業活動，特別是水稻種植；垃圾填埋場的材料腐爛也很重要。因此，任何大幅減少甲烷排放的努力也必須解決這些來源。

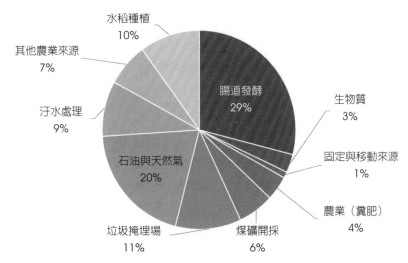

全球甲烷排放的來源

圖3.5　2010年人類活動產生的全球甲烷排放來源。[10]

---

[10] Motavalli, Jim. "Climate Change Mitigation's Best-Kept Secret." Climate Central, February 1, 2015. https://www.climatecentral.org/news/climate -change -mitigations-best-kept-secret-18613.

━━━━

　　未來氣候將由氣候對人類和自然影響的反應，以及其自身的內部變化決定——正如我們所見，氣候在無人類影響下一樣會發生相當的變化。雖然我們對內部變化或自然影響沒有太詳細的瞭解，更不用說控制了（火山、太陽和深海洋流有自己的智慧，就像氣候一樣），但我們可以合理假設人類未來可能影響的範圍，特別是在排放溫室氣體和氣懸膠體方面。

　　未來的排放，以及人類對氣候的影響，將取決於未來的人口統計、經濟發展、監管，以及當時的能源和農業技術。關於其中每項的各種假設可以結合起來，以預測溫室氣體排放、氣懸膠體濃度和土地利用的變化。在這些假設下運行的氣候模型可以在一定程度上說明在未來幾十年裡氣候可能對人類的影響做出的反應。

　　但正是在此處我們要開始留心。儘管預測的確定性被視為事實而報導，但估計人類影響卻是高度不確定的事情。想像一下，如果我們回到1900年，試圖預測2000年的文明會是什麼樣子。當時第一次動力飛行和大規模汽車生產還沒有出現，剛剛發明無線電，X光剛發現，而抗生素甚至不在人類想像之中。即使是當時最高明的預言家也無法預測隨後一世紀中全球人口成長四倍、全球經濟成長四十倍等多數重大事件！他們會驚訝於現在人員、貨物和資訊在全球內流動的規模和速度，驚訝於我們的生產方式，以及我們在農業和醫藥方面的進步。

　　由於未來幾十年存在巨大的不確定性，IPCC沒有對未來的濃度進行精確的預測，而是建立了一系列的情境。它們有個相當複雜的名字，稱之為「代表濃度途徑」（Representative Concentration Pathways），或RCPs。這些情境都是為了涵蓋人口、經濟、技術等方面合理的可能性範圍。[11]每個RCP都有一個數字，表示在該情境下2100年時人類影響暖化的程度，如RCP6對應於本世

11　van Vuuren, D. P., J. Edmonds, M. Kainuma, et al. "The Representative Concentration Pathways: An Overview." *Climatic Change* 109, 5 (2011). https://doi.org/10.1007/s10584-011-0148-z.

紀末人類引起的輻射驅動力（radiative forcing）（暖化）為6W/m²（請謹記，如圖2.4所示，目前人類的淨影響約為2.2W/m²的升溫）。這些情境並不代表預測，而是對不同、但合理的未來世界的重點描述。此後，RCP被細分為「共享社會經濟途徑」」（Shared Socioeconomic Pathways, SSP），也描述了社會減少排放和適應氣候變化的能力，但探討較單純的RCPs，可以理解重要的資訊。[12]

　　從歷史上看，兩個最重要的排放驅動因素是人口與經濟活動增長。圖3.6顯示了在四個RCP情境中對這些因素的假設。在低排放的RCP2.6情境中，本世紀末的輻射驅動力為2.6W/m²，全球人口由現在的七十八億增長至2070年的九十億，然後到2100年時減少幾億人口。在另一個極端，RCP8.5假設人口穩定增長至2100年突破一百二十億。在所有情境中，全球實際GDP在21世紀皆強勁增長，在高排放情境中增長六倍，但在低排放情境中增長十倍，可能是因為更繁榮的世界會更高度重視環境問題。由於在所有情境中，GDP的增長倍數都大於人口的增長，預期2100年的世界在**任何**未來的每個人（即人均）基礎上都會更加繁榮（在討論模型結果時經常忽略此一細節）。

　　圖3.7顯示了關於二氧化碳排放、二氧化碳濃度和人類造成的總輻射驅動力的相應RCP假設（末圖是所有人類造成的溫室氣體和氣懸膠體的淨效應）。各個情境中不同的排放假設，產生了在世紀末人類對氣候影響的類似差異。正如預期，較低的排放產生較低的濃度，因此人類對氣候的影響（驅動）較弱。在人口眾多、大量使用煤炭的RCP8.5情境中，二氧化碳年排放量到本世紀末將增加超過兩倍，濃度飆升到900ppm以上，輻射驅動力比當前高出三倍以上。相較之下，RCP2.6情境中高繁榮低人口的世界，二氧化碳排放將在2080年後消失，因此，二氧化碳濃度和輻射驅動力都穩定在今天的數值，之後將非常緩慢地下降。

[12] O'Neill, B. C., E. Kriegler, K. Riahi, et al. "A New Scenario Framework for Climate Change Research: The Concept of Shared Socioeconomic Pathways." *Climatic Change* 122, 387-400 (2014). https://doi.org/10.1007/s10584-013-0905-2.

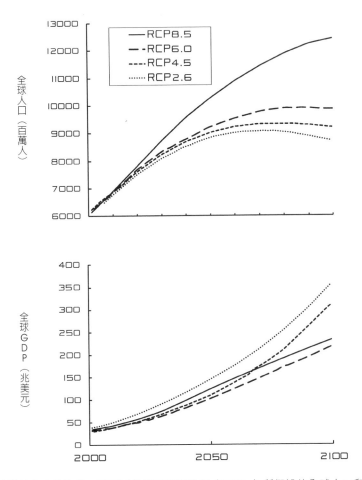

圖3.6　用於描述未來排放的四種不同的代表濃度途徑（RCPs）所假設的全球人口和實際全球
　　　GDP。

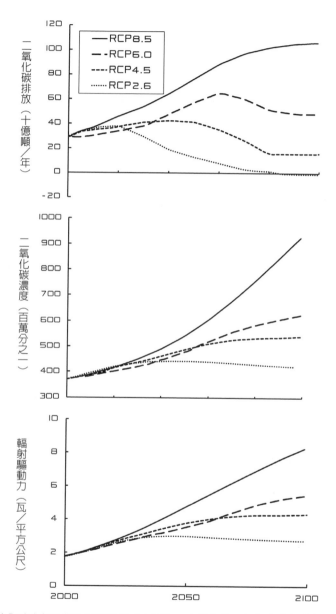

圖3.7 預測的全球人類二氧化碳排放量（上圖），大氣中的二氧化碳濃度（中圖），以及人類
造成的總驅動力（下圖）。後者包括所有溫室氣體和氣懸膠體。[13]

---

[13] van Vuuren, D. P., et al. "The Representative Concentration Pathways: An Overview," Figure 11.

中等排放情境的RCP4.5和6.0在濃度和作用力方面顯示出相應的中庸行為。最近對2005年至2017年排放情況的分析顯示，由於到2040年經濟成長放緩以及到本世紀末煤炭使用減少，高排放情境越來越不可能發生。[14]

從上述討論中可以看出的關鍵點是，**在沒有停止所有排放的情況下，人類的影響將繼續增長**。如果未來的排放只是適度減少，人類對氣候的影響將繼續增加。十五年前我在私營部門工作時，我學會了說穩定人類對氣候的影響的目標是「一項挑戰」，而在政府中則稱為「一個機會」。現在回到學術界，我可以更直截了當地說出口：這是「實務上無法完成的任務」，正如我將在本書的第二部分中所討論。

———

毫無疑問，我們排放的溫室氣體，特別是二氧化碳，正在對地球產生暖化的影響。在過去的幾十年裡，人類對氣候的影響越來越大，而且除了最激進的未來排放方案外，人類影響還將繼續增長。不僅人類的影響難以與氣候系統的其他層面區分開來，而且排放和大氣濃度之間的關係使得減緩我們的影響非常具有挑戰性。

當人類的影響被輸入模型來預測未來的氣候時，結果在某種程度上而言並不顯眼——更高的溫室氣體排放會更快地導致全球溫度升高。但是，確切地知道會變暖多少，何時何地，氣候系統中可能有哪些其他變化，以及這些變化可能對社會產生的實際影響，需要更複雜的分析。這些分析，包括如何進行分析以及分析真正告訴我們的是什麼，是下一章的主題。

---

https://doi.org/10.1007/s10584-011-0148-z.

[14] Burgess, Matthew G., et al. "IPCC baseline scenarios have over-projected CO2 emissions and economic growth." *Environmental Research Letters*, November 25, 2020. https://doi.org/10.1088/1748-9326/abcdd2.

第四章

眾多混亂的模型

　　你可能聽說過預測這個或那個的「氣候模型」，毫無疑問，這些模型也證明了這個或那個。但究竟什麼是氣候模型？簡短的回答是，它們是對氣候系統進行數學模擬的電腦程式。正如威斯康辛大學的統計學家喬治・博克斯（George Box）在1978年說過的名言：「所有的模型都是錯的，但有些有用。」

　　我的整個職業生涯都與科學計算有關。五十多年前，感謝哥倫比亞大學的加強科學計畫，我在高中二年級時在IBM 1620科學計算機上學會了編碼。我最早發表的論文之一是在1974年，關於對恆星中產生宇宙中氧氣的核反應進行電腦建模。[1]1981年，一位IBM代表意外地出現在我的辦公室，他帶了一份禮物給我，一臺最早期的個人電腦，他只有一個要求：要我用它「做些有趣的事」。我最終在加州理工學院開了一門關於計算物理學的課程──也就是電腦建模──並寫了關於這個主題的首批教科書之一。[2]即使到了近四十年後的現在，當有研究人員告訴我他們從書中學到了多少關於如何將紙筆物理學轉化為實用的模擬時，我仍感到欣慰。

　　我一些被廣泛引用的研究涉及開發和利用新的演算法來模擬量子力學系統，如原子中的電子或原子核中的質子和中子。在過去的三十年裡，我協助指導模擬工作，使美國即使在沒有核爆測試的情況下，對其核武器儲備有信心，

[1]　Koonin, S. E., T. A. Tombrello, and G. Fox. "A 'Hybrid' R-Matrix-Optical Model Parametrization of the 12C (α, γ) 16O Cross Section." Nuclear Physics A, available online October 26, 2002. https://www.sciencedirect.com/science/article/abs/pii/0375947474907155.

[2]　Koonin, Steven E. 1985. *Computational Physics*. Benjamin-Cummings. Koonin, Steven E., and Dawn C. Meredith. 2018. *Computational Physics*: Fortran Version. Boca Raton: CRC Press. https://www.amazon.com/Computational-Physics -Fortran-Steven-Koonin-ebook/dp/B07B9YXMZ8.

而這也是國際條約所禁止的。

長期而多樣的經驗使我對電腦模型的能力有了深刻的認識，但同時也注意到其局限性。博克斯教授的箴言一針見血。

電腦模型是氣候科學的核心。這些模型協助我們瞭解氣候系統是如何運作的，為什麼氣候系統在過去發生了變化，以及最重要的是，它在未來可能發生的變化。最新的聯合國氣候科學評估報告，AR5 WGI（「WGI」，你將會記住，代表「第一工作組」）在十四個章節中，有四個章節完全是關於模型及其成果；這些成果是其他聯合國工作組的報告的基礎，而這些報告評估了氣候變化對生態系統和社會的影響。

我第一次瞭解氣候建模的細節是在三十年前的JASON研究過程中，研究當時嶄新大規模平行運算（parallel computer）如何協調成千上萬處理器模擬同一個問題，可能可以提高氣候模型的預測能力。[3]在這項研究之後的三十年間，大部分前景確實已然實現。但須謹記在心的是：有效描述地球氣候仍然是最具挑戰性的科學模擬問題之一。

那麼……我們的氣候模型有多好？我們對它們所描述的未來氣候應該有多大的信心？為了回答這些問題，我們必須更深入地挖掘細節。

計算氣候

科學電腦是做算術的機器——它們可以存儲很多很多的數位〔現今最大的機器已經接近10^{17}，或一百拍（peta）〕，並且能以驚人的速度操作〔今天每秒運作次數約為10^{18}，或一艾（exa）次〕。由於我們對支配物質和能量的物理定律有非常扎實的瞭解，所以很容易被如下的概念所誘惑：我們可以將大氣和海洋的現狀輸入電腦，對未來的人類和自然影響做出一些假設，從而準確地預測未來幾十年的氣候。

---

3 Abarbanel, H., P. Collela, A. Despain, S. Koonin, C. Leith, H. Levine, G. MacDonald, et al. "CHAMMP Review." fas.org. JASON, The Mitre Corporation, 1992. https://fas.org/irp/agency/dod/jason/chammp.pdf.

　　不幸的是，這只是個幻想，正如你可能從氣象預報中獲得相同推論，氣象預報只能精確到兩個星期左右。這**已經**比三十年前要好，主要歸功於更強大的電腦性能，以及對大氣觀測的改良，為模型提供更準確的初始條件。[4]但是，低準確率的兩週氣象預報，反映了1961年麻省理工學院的艾德·羅倫茲（Ed Lorenz）提出的基本問題。氣象是毫無章法的混沌現象——我們輸入模型初始條件的微小變化會導致幾週後預測的極大差異。因此，無論我們如何精確地說明當前的條件，我們的預測不確定性都會隨著它們延伸到未來而呈指數增長。更多的電腦運算能力也無法克服這基本不確定性。

　　但請牢記：**氣候不是氣象**。相反，它是幾十年來氣象的平均值，而這正是氣候模型試圖描述的。有理由相信這是有可能的。畢竟，雖然我們無法詳細預測一鍋滾水中會出現怎樣的單個氣泡，但我們**可以**自信地預測平均水位將如何因沸騰而下降。當然，氣候系統比一鍋沸騰的水要複雜得多，而且一系列惱人的實務問題代表要對氣候模型的結果持保留態度，如果不是持疑的話。

　　因此，讓我們來談談氣候模型和氣候建模者實際做了什麼。

　　除了最簡單的電腦氣候模型外，所有的氣候模型都是由用立體網格（grid）覆蓋地球大氣開始的，通常是十到二十層的網格盒，堆疊在通常為每邊一百公里（六十英里）的地表網格（surface grid）之上，如圖4.1所示。但是，由於需要建模的大氣層的高度與地表網格的邊長匹配，所以網格上的分層盒更像是煎餅，而非圖中所示的立方體（稍後會有更多介紹）。覆蓋海洋的網格也是以類似方式建立，但表面的網格方塊更小，通常是每邊十公里（六英里），垂直層更多（可多達三十層）。以此方式覆蓋整個地球，大氣約有一百萬個網格盒，海洋則有一億個。

　　網格到位後，電腦模型使用基本的物理定律計算在給定的時間內每個盒子裡的空氣、水和能量如何在隨後時間內移動到鄰近的網格盒；時步／時間間隔（time step）可以小到十分鐘。重複此過程數百萬次，就能模擬出一世紀的氣

4　Buizza, R., and M. Leutbecher. "The Forecast Skill Horizon: ECMWF Technical Memoranda." European Centre for Medium-Range Weather Forecasts, June 2015. https://www.ecmwf.int/en/elibrary/8450-forecast-skill-horizon.

候（如果時間間隔長為十分鐘，需要超過五十萬次）。即使在世界最強大的超級電腦上，模擬許多時步也可能需要幾個月的計算機時間（computer time），取決於網格盒與時步的數量，以及模型對網格盒中狀況（其「物理特性」）描述的複雜程度。研究人員可以依據模型的目的，在這些不同的因素中進行權衡。在相同的計算機時間內，不那麼複雜的模型可以用更細的網格運行和／或模擬更長的時期。將電腦運行的結果與我們對過去氣候的記錄（包括平均和逐年的變化）進行比較，可以在一定程度上瞭解模型優劣。一旦模型到位，在假定的人類和自然影響下，一系列的電腦模擬至未來，然後嘗試描述幾十年後的氣候。

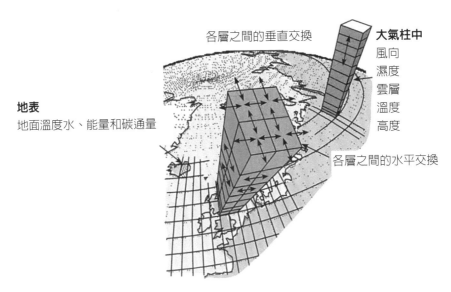

圖4.1　大氣層電腦模型中使用的網格示意圖。[5]

這一切聽起來很簡單，但一點也不容易，實際上是極端困難的，任何說氣候模型「只是物理學」的人要麼不瞭解，要麼是故意誤導。主要挑戰之一是，

---

[5]　Adapted from Figure 5.2 of Kendal McGuffie and Ann Henderson-Sellars. *The Climate Modelling Primer, 4th Edition*. Hoboken, New Jersey: Wiley-Blackwell, 2014. https://www.wiley.com/en-us/The+Climate+Modelling+Primer %2C +4th +Edition -p-9781119943372.

模型只使用單一的溫度、濕度等數值來描述一個網格盒內的情況。然而，許多重要的現象發生在比一百公里（六十英里）網格尺寸更小的範圍內（如山脈、雲和雷暴），因此研究人員必須做出「次網格」假定（subgrid assumptions）來建立完整的模型。例如，陽光和熱量在大氣中的流動受到雲層的影響，它們在模型中扮演關鍵角色——根據它們的類型和結構，雲會反射陽光或攔截不同數量的熱量。物理學告訴我們，在網格方塊（堆疊的盒子）上方的每一層大氣中，雲的數量和類型通常取決於那裡的條件（濕度、溫度等）。然而，如圖4.2所示，雲層的變化和差異發生在比網格盒小得多的範圍內，因此假設是必要的。

　　雖然建模者將他們的次網格假定建立在基本物理定律和氣象現象觀測的基礎上，但仍然涉及相當多的判斷。由於不同的建模者會做出不同的假設，模型之間的結果會有很大的差異。這並非不重要的細節，因為雲的高度和覆蓋範圍的一般波動，對陽光和熱量流動的影響與人類的影響一樣大。事實上，氣候模型中最大的不確定性來自於對雲層的處理。[6]

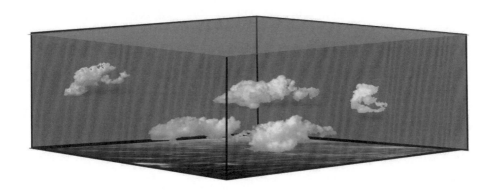

圖4.2　雲層比模型網格盒小得多，因此需要建模者做次網格假設。請注意，本圖比例並不精確，因為實際的網格盒比圖中要薄得多。

6　Schneider, T., J. Teixeira, C. Bretherton, et al. "Climate goals and computing the future of clouds." *Nature Clim Change* 7 (2017): 3-5. https://doi.org/10.1038/nclimate3190.

　　那麼，為什麼不使用更小的網格來使次網格假定更明確呢？不幸的是，這麼做會大幅增加計算的規模，顯而易見的原因是將有更多的網格盒需要處理。但除了盒子的數量之外，更細小的網格還帶入另一個複雜的問題。任何計算只有在事件在一個時步內不發生太大的變化時才是準確的（也就是說，不能移動超過一個網格盒）。因此，如果網格更細，時步也必須更小，這代表需要更多的計算機時間。舉例來說，如果使用每邊一百公里的網格，模擬運行需要兩個月，而如果使用每邊十公里的網格，則需要一百多年。如果我們有臺比當前超級電腦快上千倍的機器，那執行時間將維持在兩個月，這可能是未來二三十年超級電腦才有的能力。

　　另一個問題起因於網格將地球劃分為有意義的水平區塊和垂直區塊的方式不同而產生。大氣層和海洋都是覆蓋地表的薄殼——平均海洋深度（四公里或2.5英里）與地球半徑（六千四百公里或四千英里）相比非常薄，大氣層的高度（大約一百公里或六十英里）也是如此。為了準確地描述垂直變化，堆疊在方格上方（或下方進入海洋）直入大氣層中的幾十個網格盒必須更像非常扁平的煎餅，而非立方體，通常寬度約是高度一百倍。作為對比，一角硬幣的寬度僅是其厚度的十三倍。

　　煎餅盒通常能在大氣層流動的地方做出更準確的模擬，例如在堆疊的上部（高空大氣層被稱為平流層是有原因的）。但在十公里（六英里）以下的大氣層中，這些扁平的盒子就成了問題，此處會發生亂流天候。能量和水蒸氣的上升流（Upward flow）（試想雷雨雲）發生在遠小於一百公里（六十英里）網格的區域。這問題在熱帶地區尤為棘手，熱帶上升流對於將能量和水蒸氣從海洋表面拉升到大氣中非常重要。事實上，經由海水蒸發帶入大氣的能量流比圖2.4中顯示的人類影響大三十倍以上。因此，關於「濕對流」（moist convection）的次網格假定——空氣和水汽如何在平坦的網格箱中垂直移動——對於建立準確模型至關重要。

　　任何模擬都需要「初始化」（initialized）——也就是說，我們需要以某種方式指定時步開始時海洋和大氣的狀態：覆蓋大氣的每個網格盒中的溫度、濕度、風等，以及每個海洋網格盒中的溫度、鹽度、海流等。不幸的是，即使我們有先進的觀測系統，這些細節在今天也無法得到，更別提過去的幾十年。即使有，模擬中的混沌程度（記住我們對氣象預報的討論）也會使大多數細節在約兩週後變得毫不相關。因此，初始化只需要正確捕捉氣候系統的總體特徵（如大氣層的高速氣流或主要的洋流）。

即使有了網格、基本物理學、次網格假定和初始化，我們仍然沒有準備好生成可用的氣候模型。最後一步是「調校」（tune）模型。每個次網格假定都有數值參數，必須以某種方式設置。雲層和對流只是幾十種參數中的兩個。其他條件尚包括：**根據土壤性質、植物覆蓋和大氣條件，有多少水從土地表面蒸發？表面上有多少雪或冰？海洋的水是如何混合的？**

次網格假定在本質上是不準確的，因為它們是，嗯，次網格：建模者無法由現實中獲得任何次網格「數值」。因此，建模者根據他們對物理學的瞭解設定次網格參數，然後運行他們的模型。由於結果通常不大像我們觀察到的氣候系統，建模者隨後調校（「調整」）這些參數，使模型更接近真實氣候系統的一些特徵。最重要的是我們在第二章討論的太陽加熱和紅外冷卻之間近乎精確的平衡，以及陽光和熱量在大氣中流動如何決定地表溫度。

雖然「調校」聽起來是個小細節，就像「微調」一樣，但沒有什麼「調校」是「渺小」或微不足道的。這是調整模型的過程，處理棘手的不一致狀況，或掩蓋惱人的不確定性。有時，建模者調整次網格參數的方式並不是基於他們對參數的「瞭解」，而是為了產生理想的結果。例如，英國的研究人員調整部分雪覆蓋如何改變北方森林的反照率（雪比樹梢反射更多陽光）來調整他們最新的模型。他們還調整海洋表面的微生物產生多少二甲硫醚（dimethyl sulfide）——這種化學物質產生氣懸膠體，因此增加了海洋的反照率。[7]誰會想到這些細節對氣候很重要？

在任何情況下，實務上不可能調整幾十個參數，使模型與氣候系統中更多

7　Sellar, A. A., C. G. Jones, J. P. Mulcahy, et al. (2019). "UKESM1: Description and eEvaluation of the U.K. Earth System Model." *Journal of Advances in Modeling Earth Systems* 11 (2019): 4513–4558. https://doi.org/10.1029/2019MS001739

的觀測特性相吻合。這不僅使人懷疑模型的結論是否可信，而且清楚地表明我們對氣候特徵的瞭解遠不足以分辨人類的微小影響。

氣候模型最重要必須正確完成的任務之一是「反饋」（feedback）。提高全球溫度的溫室氣體濃度的增加也會引起氣候系統的其他變化，這些變化要麼放大要麼減弱其直接的暖化影響。例如，隨著全球暖化，地表上的雪和冰會減少，降低了地球的反照率。反照率降低就會使地球吸收更多的陽光，導致更多暖化。另一個反饋的例子是，隨著大氣層變暖，大氣中可以容納更多水蒸氣，這將進一步增強其熱攔截能力。但更多的水蒸氣也會改變雲層，增強熱量攔截（高雲，high clouds）和反照率（低雲，low clouds）。總體而言，反照率更勝一籌，淨雲反饋稍微減少了直接暖化。這些反饋效應的規模，或是在某些情況下只是跡象——無論它們是增強還是減弱了直接影響——無法由基本原理中得到足夠精確的理解，而必須從模型的調校中產生，而且每個模型都會給出些許不同的答案。許多不同模型的平均結果顯示，所有回饋的淨效應是二氧化碳直接暖化影響的一倍或兩倍。

因此，調校是建立氣候模型的必要但危險的部分，正如其在建立任何複雜系統模型的角色一樣。拙於調校的模型將是對現實世界的糟糕描述，而過度調則有做假的風險——也就是預先確定答案。一篇由十五位世界頂尖氣候模型專家共同撰寫的論文這麼說：

> 在調校過程中做出的選擇和妥協可能會對模型結果產生重大影響……。理論上，在對模型結果的任何評估、相互比較或解釋中，都應考慮到調校問題……為什麼如此缺乏透明度？這可能是因為調校通常被視為是氣候建模中不可避免但骯髒的部分，與其說是科學，不如說是工程，是不值得記錄在科學文獻中的修補行為。也可能有些人會擔心，解釋模型被調校可能會強化那些質疑氣候變化預測有效性的人的論點。調校可能確實被看作是補償模型錯誤一種不可告人的方式。[8]

---

8   Hourdin, Frédéric, Thorsten Mauritsen, Andrew Gettelman, Jean-Christophe Golaz, Venkatramani

確實如此。一篇清楚闡述德國馬克斯・普朗克學會（Max Planck Institute）令人敬佩模型細節的論文中，講述因最初選擇選擇的參數模擬出兩倍於觀察到的暖化效應，因此將一個（與大氣中的對流有關）次網格因子參數調整了十倍[9]。將次網格因子參數由你原先認為數值改變十倍——這真的是在大幅調整。

一系列的結果

現在你應該對這些模型是如何形成，以及為什麼它們對未來的任何窺視可能不如我們所希望的那麼清晰，有了相當清楚的認識。但讓我們先來看看結果。因為沒有任何模型完全正確，所以評估報告是由世界各地的研究小組的幾十個不同模型組成「集合」（ensemble）的平均結果。耦合氣候模式對比計畫（The Coupled Model Intercomparison Project, CMIP）彙編了這些集合。[10]其中CMIP3合集為IPCC的AR4報告提供了資訊，而CMIP5支撐了2013年的AR5報告，而CMIP6將是即將到來的AR6評估的基礎。

但在這裡我們需要暫停一下。彙整許多模型集合暗示著這些模型普遍一致，但事實並非如此。在任何這些集合中模型之間的比較表明，在測量氣候對人類影響的反應所需的尺度上，模型的結果彼此之間以及與觀測結果之間都有很大的差異。但是，除非你深入閱讀IPCC報告，否則你不會知道這些差異。只有深入閱讀才會發現，IPCC提出的報告結果是「平均」模型，而這些模型彼此之間存在巨大的差異（順帶一提，單個集合成員之間的不一致進一步證明

Balaji, Qingyun Duan, Doris Folini, et al. "The Art and Science of Climate Model Tuning." *Bulletin of the American Meteorological Society* 98 (2017): 589-602. https://journals.ametsoc.org/bams/article/98/3/589/70022/The-Art-and-Science-of-Climate-Model-Tuning.

[9] Mauritsen, Thorsten, Jürgen Bader, Tobias Becker, Jörg Behrens, Matthias Bittner, Renate Brokopf, Victor Brovkin, et al. "Developments in the MPI-M Earth System Model Version 1.2 (MPI-ESM1.2) and Its Response to Increasing CO2." *Journal of Advances in Modeling Earth Systems* 11 (2019): 998-1038. https://agupubs.onlinelibrary.wiley.com/doi/full/10.1029/2018MS001400.

[10] Coupled Model Intercomparison Project (CMIP). "A Short Introduction to Climate Models—CMIP & CMIP6." World Climate Research Programme, 2020. https://www.wcrp-climate.org/wgcm-cmip.

了氣候模型不僅僅是「單純的物理學」。若非如此，就不需要多個模型了，因為它們都會得出幾乎相同的結論）。

特別難以忍受的挫敗是，模擬的全球平均地表溫度（而不是異常值）在不同的模型之間有大約3℃（5.6℉）的差異，三倍於模型們聲稱要描述和解釋的20世紀暖化的觀察值。而兩個模型的平均地表溫度相差這麼多，它們的細節當然也會有很大的不同。例如，由於你不允許調整水的結冰溫度（因為結冰溫度是由自然界決定的），所以雪和冰的覆蓋量，以及因此導致的反照率，可能會有很大的不同。

評估報告以著重平均溫度的上升和顯示每個模型計算的溫度變化，而非聚焦於溫度本身，來淡化這非物理性平均溫度的尷尬。這使得集合體成員之間的差異變得不大明顯；結果便是圖4.3（取自AR5報告）。本圖顯示全球平均地表溫度異常，將AR4和AR5中使用的集合體的平均值和分布與觀測值（圖1.1中呈現的資訊）進行比較。集合平均值與觀測值的一致看起來讓人印象深刻，但我們對這些結果需要持保留態度，如同我在本章開頭所言。全球最卓越的氣候模型專家之一曾說過：「我們可以合理地假設，在非常吻合（溫度史，temperature history）的模型中，存在一些隱含的（若不明顯的話）調校。」[11]而圖4.3的細節顯示了一些其他問題。

令人詫異的是，1960年以後CMIP5集合分布比CMIP3中的模型要大——換句話說，新一代模型實際上比前一代模型**更加**不確定。因此，真正讓人驚訝的是：即使模型變得更加複雜——包括更細的網格、更複雜的次網格參數設定等等——不確定性卻是在增加而非減少。有更好的工具和資訊可以利用，**應該**使模型更準確，更符合彼此的要求。每當你讀到「模型預測……」時，都要謹記此一事實。模型結果差異正在擴大的事實，很好地證明了科學還遠未達成定論。

---

[11] Voosen, Paul. "Climate scientists open up their black boxes to scrutiny." *Science*, October 2016. https://science.sciencemag.org/content/354/6311/401; Held, Isaac. "73. Tuning to the global mean temperature record." *Isaac Held's Blog*, GFDL, Princeton University, November 28, 2016. https://www.gfdl.noaa.gov/blog held/73-tuning-to-the-global-mean-temperature-record/.

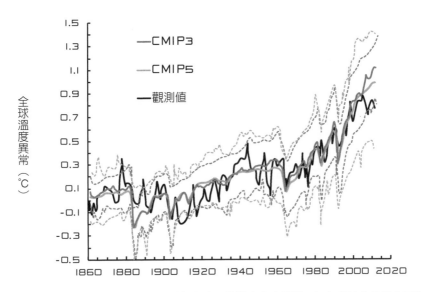

圖4.3　在CMIP3和CMIP5模型組合中模擬全球平均地表溫度異常。灰色實線表示集合平均數，而相應的虛線表示集合分布。黑線表示觀測到的異常值。[12]

　　但另一個同樣嚴重的問題也在這裡得到了說明。圖4.3顯示，模型集合未能重現1910年至1940年觀測到的強烈增溫。平均而言，模型給出的這一時期的增溫率（warming rate）約為實際觀測值的一半。正如IPCC以慎重、微帶官腔的語氣指出：

> 由於驅動力和反應的不確定性以及不完整的觀測，我們仍然很難量化氣候內部變化、自然作用力和人為作用力對此暖化的影響。[13]

　　更直白地說，他們是說我們不知道模型失敗的原因。他們不能告訴我們為什麼這幾十年間氣候發生了變化。這讓人深感不安，因為20世紀初與20世紀末觀測的暖化程度是相當的，評估報告將後者「高度可信」地歸因於人類的影響。

[12]　Adapted from IPCC Fifth Assessment Report (AR5), WGI (The Physical Science Basis), Figure 10.1.
[13]　IPCC. AR5 WGI, 887.

　　IPCC說內部變化是「難以量化」的因素，彷彿是個小問題，實則不然。氣候觀測清楚地顯示了幾十年甚至幾個世紀的重複活動。其中至少有部分是由於洋流的緩慢變化以及海洋和大氣之間的相互作用造成的。最著名的例子是聖嬰現象（更準確的說法是聖嬰－南方振盪現象，El Nino-Southern Oscillation），這是赤道太平洋上的熱量變化，每兩到七年不定期發生，影響全球氣象模式。另一較不為人所知的緩慢活動是大西洋多年代振盪（Atlantic Multidecadal Oscillation, AMO），是北大西洋的週期性溫度變化。[14]圖4.4顯示，從海面溫度推斷的AMO的強度在六十至八十年的週期內循環。

　　太平洋也有類似的、但不相關的週期性活動，即太平洋十年振盪（Pacific Decadal Oscillation, PDO），週期約為六十年。由於我們只有大約一百五十年的良好觀測紀錄，發生在更長時間尺度上的系統性活動就不大為人所知了——可能有（而且幾乎肯定有）其他自然週期性變化發生在更長的時間區段內。

　　類似的循環影響著全球和地區的氣候，並與任何由人類或自然因素（如溫室氣體排放或火山氣懸膠體）造成的趨勢疊加。使我們很難確定哪些觀察到的氣候變化是由人類影響造成的，哪些是自然因素。例如，1998年和2016年期間全球溫度異常的峰值（如圖1.1所示）是由特別大型聖嬰現象所引發的。

　　雖然今天的模型可以重現聖嬰現象的某些面向，但氣候模型並不擅長於重現全球性強度、持續時間、模式或緩慢循環週期。AR5指出，儘管一些模型確實產生了類似AMO的模擬成果，但對長週期模擬結果，在模型與模型，以及模型與實際觀測之間都有許多差異。最值得注意的是，模型產生類似於AMO週期的時間尺度從四十年到一個世紀或更長時間不等。[15]這些模型在重現太平洋的多年期變化方面也沒有更好表現。[16]

---

[14] Trenberth, Kevin, Rong Zhang, and National Center for Atmospheric Research Staff (eds.). "The Climate Data Guide: Atlantic Multi-decadal Oscillation (AMO)." NCAR—Climate Data Guide, January 10, 2019. https://climatedataguide.ucar.edu/climate-data/atlantic -multi -decadal -oscillation-amo.

[15] IPCC. AR5 WGI, 801.

[16] IPCC. AR5 WGI, 9.5.3.6.

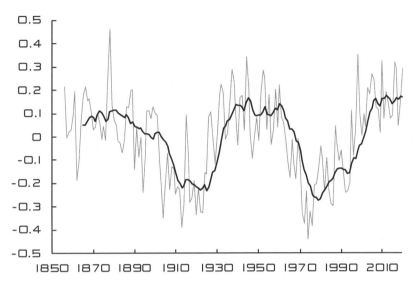

圖4.4　大西洋多年代振盪（AMO）指數，由北大西洋的海洋表面溫度構建。黑線是年度數值的十年追蹤平均值。[17]

　　而為IPCC即將發布的第六次評估報告提供資訊的CMIP6模型並沒有比CMIP5的模型表現更好，至少從這些方面來看是如此。圖4.5比較了CMIP6模型和觀測的溫度異常結果，就像圖4.3對CMIP3和CMIP5模型的比較一樣。對全球十九個建模小組建立的二十九個不同CMIP6模型運行二百六十七次模擬的分析顯示，它們在描述1950年以來的暖化方面做得很差，並持續低估了20世紀初的暖化速度。[18]

　　即使是最新的模型也未能模擬出20世紀初期的迅速暖化，這表明內部變化——氣候系統的自然起伏——有可能，甚至是相當可能，對最近幾十年的暖化產生重大影響。[19]這些模型無法重現過去是重大警訊，削弱了人們對模型預

[17]　Data from https://www.psl.noaa.gov/data/correlation/amon.us.long.data.

[18]　Papalexiou, S. M., C. R. Rajulapati, M. P. Clark, and F. Lehner "Robustness of CMIP6 Historical Global Mean Temperature Simulations: Trends, Long-Term Persistence, Autocorrelation, and Distributional Shape." *Earth's Future*, September 2020. https://agupubs.onlinelibrary.wiley.com/doi/epdf/10.1029/2020EF001667.

[19]　Maher, Nicola, Flavio Lehner, and Jochem Marotzke. "Quantifying the role of internal variability in

測未來氣候的信心。特別是，它使理清自然變化和人類影響在1980年以來暖化中的相對作用變得非常複雜。

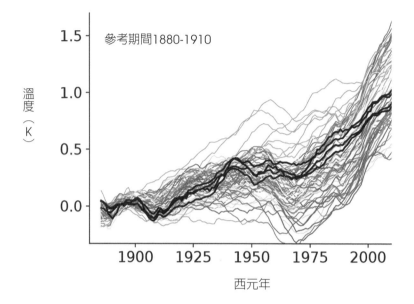

圖4.5　來自二十六個CMIP6模型的全球平均表面溫度異常值。各個模型的運行情況顯示為淺灰色，而深色線是三個不同的觀測數據集。異常值是相對於1880年至1910年的基線而言的，曲線是按十一年的間隔平滑處理。[20]

————

　　衡量氣候系統如何對人類影響產生反應的常見指標，也是我們希望從模型中瞭解的重要資訊，是平衡氣候敏感度（equilibrium climate sensitivity, ECS）。

the temperature we expect to observe in the coming decades." *Environmental Research Letters*, May 12, 2020. https://iopscience.iop.org/article/10.1088/1748-9326/ab7d02.

[20]　Femke, J. M., M. Nijsse, Peter M. Cox, and Mark S. Williamson. "Emergent constraints on transient climate response (TCR) and equilibrium climate sensitivity (ECS) from historical warming in CMIP5 and CMIP6 models." *Earth System Dynamics* 11 (2020): 737-750. https://esd.copernicus.org/articles/11/737/2020/.

這就是如果假設二氧化碳濃度比工業化前的280ppm增加一倍，平均地表溫度異常（請記住，異常是與預期平均值的差異）將增加多少。如果排放繼續以目前的速度進行，而且碳循環沒有什麼變化，那麼在現實世界中，二氧化碳濃度將在本世紀末增加一倍。ECS越高（即預測的溫度上升越大），氣候對人類的影響（或至少對二氧化碳的增加）越敏感。

美國國家學院（National Academies）的「查尼報告」（Charney Report）在1979年提出氣候敏感度的基準估計。[21]該藍帶小組（blue-ribbon panel）估計ECS在1.5℃至4.5℃（2.7℉至8.1℉）之間，「最可能」的值為3℃（5.5℉）。[22] 2007年，IPCC的AR4縮小了可能的範圍（2℃至4.5℃，或3.6℉至8.1℉），但給出同樣的「最可能」值。七年後，AR5恢復了1.5℃至4.5℃的範圍，並且沒有給出「最可能」值的估計。因此，在2014年，我們對氣候敏感度並不比1979年更確定。

IPCC的AR6將依賴CMIP6模型集合；圖4.6顯示了截至2020年5月可取得數據四十個模型的ECS值。大約三分之一的模型（黑色顯示的模型）模擬的氣候比IPCC先前給出4.5℃（8.1℉）的可能上限**更加**敏感。更敏感模型也比最近幾十年的觀測結果更快暖化，[23][24]並與古氣候數據不一致。[25]

[21] National Research Council. *Carbon Dioxide and Climate: A Scientific Assessment*. Washington, DC: The National Academies Press, 1979. https://www.nap.edu/catalog/12181/carbon-dioxide-and-climate-a-scientific-assessment.

[22] Climate Research Board. "Carbon Dioxide and Climate: A Scientific Assessment." National Academy of Sciences, 1979. https://www.bnl.gov/envsci/schwartz/charney_report1979.pdf, page 16.

[23] Tokarska, Katarzyna B., Martin B. Stolpe, Sebastian Sippel, Erich M. Fischer, Christopher J. Smith, Flavio Lehner, and Reto Knutti. "Past Warming Trend Constrains Future Warming in CMIP6 Models." *Science Advances*, March 18, 2020. https://advances .sciencemag.org/content/6/12/eaaz9549.

[24] Femke, J. M., et al. "Emergent constraints on transient climate response (TCR)."

[25] Zhu, Jiang, Christopher J. Poulsen, and Bette L. Otto-Bliesner. "High Climate Sensitivity in CMIP6 Model Not Supported by Paleoclimate." *Nature News*, April 30, 2020. https://www.nature.com/articles/s41558-020-0764-6.

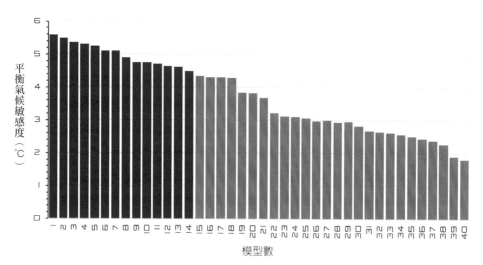

圖4.6　來自CMIP6集合四十個模型的平衡氣候敏感度。模型依敏感度遞減的順序排列。黑色顯示的模型比AR5給出的可能上限更敏感。[26]

　　較高的敏感度似乎[27]來自於這些模型的次網格對雲，以及雲與氣懸膠體相互作用的呈現方式。[28]正如其中一位主要研究人員所說：

　　　雲與氣懸膠體的相互作用處於我們對氣候系統如何運作的理解的前沿，對我們不瞭解的事物進行建模是一項挑戰。建模者正在擴展人類理解的邊界，我希望這些不確定性將激發新科學。[29]

[26]　Hausfather, Zeke. "CMIP6: The Next Generation of Climate Models Explained." Carbon Brief, December 2, 2019. https://www.carbonbrief.org/cmip6 -the -next-generation-of -climate-models-explained.

[27]　Zelinka, Mark D., Timothy A. Myers, Daniel T. McCoy, Stephen Po-Chedley, Peter M. Caldwell, Paulo Ceppi, Stephen A. Klein, and Karl E. Taylor. "Causes of Higher Climate Sensitivity in CMIP6 Models." *Geophysical Research Letters*, January 16, 2020. https://agupubs .onlinelibrary.wiley.com/doi/full/10.1029/2019GL085782.

[28]　Meehl, Gerald A., Catherine A. Senior, Veronika Eyring, Gregory Flato, Jean-Francois Lamarque, Ronald J. Stouffer, Karl E. Taylor, and Manuel Schlund. "Context for Interpreting Equilibrium Climate Sensitivity and Transient Climate Response from the CMIP6 Earth System Models." *Science Advances*, June 1, 2020. https://advances.sciencemag.org/content/6/26/eaba1981.

[29]　National Center for Atmospheric Research. "Increased Warming in Latest Generation of Climate

　　換句話說，我們並不真正瞭解規模與人類造成暖化影響相當的重要因素會如何影響氣候。看看即將發布的AR6如何，或是否能解決這個問題，將會很有趣。

　　我們也不該對CMIP6模型與老模型的敏感度更加一致而感到安慰。聽一下來自馬克斯‧普朗克學會建模者的說法：

　　　我們已經記錄了如何調整MPI-ESM1.2全球氣候模型以匹配儀器紀錄的升溫；這項努力顯然是成功的。由於歷史事件的順序，我們選擇使用雲的回饋來實現約3K（3℃）的ECS，而非調整氣懸膠體的驅動力。[30]

　　換句話說，研究人員調整了他們的模型，使其對溫室氣體的敏感度達到他們認為應該達到的程度，正像做假賬。

　　氣候敏感度如此不確定的原因之一是，氣懸膠體目前產生的冷卻影響部分地抵消了（或掩蓋了）溫室氣體的升溫。這點在圖4.7中很明顯，圖中顯示當模擬運行時，CMIP6集合的全球溫度異常是如何在不同的作用力下表現出來。從1900年開始，溫室氣體造成了1.5℃（2.7℉）的升溫，部分被人類產生的氣懸膠體（太陽變化和火山氣懸膠體無太大長期影響）造成約0.6℃（1.1℉）的降溫抵消。標有「歷史」的曲線對應的是所有自然和人為因素的集合。你可以看到特大規模火山爆發的冷卻影響，特別是1963年的阿貢火山（Agung）和1991年的皮納圖博火山；在歷史模擬中，沒有出現1910年至1940年的升溫，這一點也很明顯。

Models Likely Caused by Clouds." Phys.org, June 24, 2020. https://phys.org/news/2020-06-latest-climate-clouds.html.

[30]　Mauritsen, Thorsten, and Erich Roeckner. "Tuning the MPI-ESM1.2 Global Climate Model to Improve the Match with Instrumental Record Warming by Lowering Its Climate Sensitivity." *Journal of Advances in Modeling Earth Systems* 12 (2020): e2019MS002037. https://agupubs.onlinelibrary.wiley.com/doi/full/10 .1029/2019MS002037.

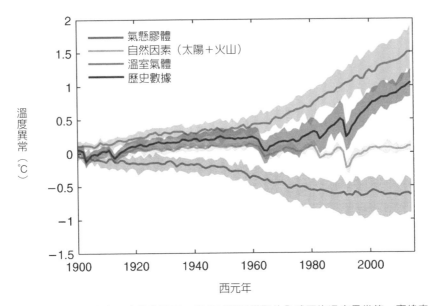

圖4.7　在各種自然和人為因素的作用下，CMIP6模型模擬的全球平均溫度異常值。實線表示集合平均數；陰影部分表示17%至83%的不確定性範圍。[31]

　　由於氣懸膠體帶來巨大但未定的冷卻效應，所以對氣懸膠體和溫室氣體皆具高敏感度的模型，對歷史紀錄的描述與敏感度低得多的模型差不多。隨著溫室氣體的影響越來越大，並在未來幾十年內成為主導因素（氣懸膠體是空氣污染的重要來源，減少氣懸膠體是各地的優先事項），ECS的估計可能會變得更加精確。

　　另一個估算氣候敏感度的不同方式是將過去一百四十年的溫度上升與已經發生的人類和自然因素進行對比。例如，將圖1.1中顯示自1900年以來大約1℃的溫度上升與圖2.4中顯示的同一時期大約2W/m²的總驅動因素的增加相比較，

[31]　Reprinted with permission of AAAS from Tokarska, Katarzyna B., Martin B. Stolpe, Sebastian Sippel, Erich M. Fischer, Christopher J. Smith, Flavio Lehner, and Reto Knutti. "Past Warming Trend Constrains Future Warming in CMIP6 Models." *Science Advances* 6 (2020): eaaz9549. https://advances.sciencemag.org/content/6/12/eaaz9549 © The Authors, some rights reserved; exclusive licensee American Association for the Advancement of Science. Distributed under a Creative Commons Attribution NonCommercial License 4.0 (CC BY-NC) http://creativecommons.org/licenses/by-nc/4.0/.

可以對氣候對外部影響的敏感度做出一些估計。這種自上而下的方法比基於劃分網格的模型要簡單和透明得多（不需要超級電腦）！但此方式也有自己的問題——除了溫度以及人類和自然影響的不確定性之外，還有內部變化需要考慮，以及溫度對驅動力反應的滯後性（海洋變暖較緩慢）。然而，一旦考慮到這些因素，從能量收支（energy budget）分析中得到的敏感度要比CMIP集合的數值低得多（約為1.5℃）。[32]

一篇由二十位作者共同撰寫，發表於2020年7月的論文，結合了自上而下和基於網格的方式（以及一些觀測和古生物學資訊），試圖確定氣候的敏感度。[33]作者發現ECS的可能範圍為2.6℃ 至4.1℃，是AR5估計的一半（1.5℃ 至4.5℃），意味著極低或極高的數值被認為不大可能發生。

要瞭解氣候系統對各種影響有多敏感仍有很多工作要做；如果氣候比當前認定要更不敏感（或更加敏感），將會是個大事。

———

因此，在氣候建模工作中，有很多需要擔心的問題。目前即便在全球最快的電腦上運行氣候模擬也需要幾個月的時間，除了電腦運算能力的挑戰外，還有調校中的模糊性，難以量化的自然變化，以及像溫室氣體升溫和氣懸膠體冷卻之間的權衡這樣複雜的問題需要解決。難怪我們對氣候將如何應對溫室氣體濃度上升的問題認識貧乏。我們對氣候系統瞭解得越多，就越意識到它是多麼複雜。

大眾媒體並不常討論氣候模型有多大問題。但若你夠留心的話，有時可以從中發掘少數報導。例如，氣候模型也被用來評估各種氣候應對策略的效果，如人為提高地球反射率（反照率）以抵消溫室氣體的暖化；這類「地球工程」

[32] Lewis, Nicholas, and Judith Curry. "The Impact of Recent Forcing and Ocean Heat Uptake Data on Estimates of Climate Sensitivity." *Journal of Climate* 31 (2018): 6051-6071. https://journals.ametsoc.org/jcli/article/31/15/6051/92230/The-Impact -of-Recent-Forcing-and-Ocean-Heat-Uptake.

[33] Sherwood, S. C., M. J. Webb, J. D. Annan, K. C. Armour, P. M. Forster, J. C. Hargreaves, et al. "An assessment of Earth's climate sensitivity using multiple lines of evidence." *Reviews of Geophysics* 58 (2020): e2019RG000678. https://agupubs.onlinelibrary.wiley.com/doi/full/10.1029/2019RG000678.

（geoengineering）將在第十四章中進行討論。美國國家科學院最近的一份報告
指出：

> 對氣候變遷和改變反照率的後果進行建模的不確定性，使得今日不可能
> 就改變反照率對整體地球系統的相對風險、後果和益處提供可靠的定量
> 陳述，更不用說對地球上特定地區的益處和風險了。[34]

　　如果「模型的不確定性」意味著這些模型不能為我們提供關於反照率改變
可能帶來的有用資訊，那麼就很難理解為什麼它們在預測對其他人類影響的反
應方面表現會更好。畢竟，這些是本章所討論的相同模型，只須稍做修改（例
如，使太陽的強度降低1%，或在高層大氣中增加一點氣懸膠體）就可以模擬
反照率的變化。[35]然而很難想像會有針對溫室氣體而非反照率的類似上述聲
明。類似聲明會是如此：

> 模型對氣候變遷和未來溫室氣體排的後果的不確定性，使得今日不可能
> 就未來溫室氣體排放對整體地球系統的相對風險、後果和益處提供可靠
> 的定量陳述，更不用說對地球上特定地區的益處和風險了。

　　我不認為你會在評估報告中看到這種說法。
　　正如報告本身指出，這些是我們入前最好的模型，而且不斷變得更加複
雜。但現在，它們仍然被無數的問題所困擾，我和其他人一樣，衷心希望它們
能更加完善。

---

[34] National Research Council of the National Academies. *Climate Intervention: Reflecting Sunlight to Cool Earth*: "Comparison of Some Basic Risks Associated with Albedo Modification." The National Academies Press, 2015. https://www.nap.edu/read/18988/chapter/4#39.

[35] Kravitz, B., A. Robock, S. Tilmes, O. Boucher, J. M. English, P. J. Irvine, A. Jones, et al. "The Geoengineering Model Intercomparison Project Phase 6 (GeoMIP6): simulation design and preliminary results." *Geosci. Model Dev.* 8 (2015): 3379-3392. https://gmd.copernicus.org/articles/8/3379/2015/.

第五章

炒作高溫

今天，電視氣象預報員已經轉變為**氣候**與氣象預報員，將他們報導的許多嚴重氣象事件歸咎於「遭破壞的氣候」。事實上，對媒體、政治人物，甚至一些科學家而言，將熱浪、乾旱、洪水、風暴和其他公眾擔心的氣象歸咎於人類影響已經成為**慣例**。這相當容易讓人接受：現場直播威力強大，而且往往撼動人心，我們對過去事件的糟糕記憶使「前所未有」相當具說服力。

但科學告訴我們不同的故事。一百多年來的觀察表明，大多數極端氣象事件並沒有顯示出**任何**明顯的變化——即使人類對氣候的影響在增加，類似事件實際上已經變得不那麼常見或嚴重。總體而言，在檢測極端氣象的趨勢時，存在著高度的不確定性。以下是IPCC的AR5第一工作小組報告中的一些（也許是令人驚訝的）摘要聲明，顯示我們對此類趨勢的瞭解（或不瞭解）：

- 「……對全球洪水的規模和／或頻率的趨勢跡象**信心度低**。」[1]
- 「……對20世紀中期以來全球觀察到乾旱或乾燥（缺乏降雨）的趨勢**信心度低**。……」[2]
- 「……對小規模惡劣氣象現象（如冰雹和大雷雨）的趨勢**信心度低**。……」[3]
- 「……對1900年以來極端熱帶氣旋[風暴]強度的大規模變化的**信心度低**。」[4]

---

[1] IPCC. AR5 WGI Section 2.6.2.2.

[2] IPCC. AR5 WGI Section 2.6.2.3.

[3] IPCC. AR5 WGI Section 2.6.2.4.

[4] IPCC. AR5 WGI Section 2.6.4.

在檢測極端氣象事件的變化並將其歸因於人類的影響方面，科學界普遍信心不足，原因有很多，我們在前面已經討論過：短期而低品質的歷史紀錄、自然變化大、混雜的自然影響，以及眾多模型之間的分歧。然而，即使我們沒有證據表明有什麼變化，媒體仍然持續將氣象事件與氣候聯繫起來的新聞──部分是依靠所謂的「事件歸因研究」（event attribution studies），這已經成為氣候科學中一個不斷增長的分支。[5]

以下是歸因研究的運作方式：在一些極端氣象事件（如風暴、洪水、乾旱或熱浪）發生後，研究人員結合氣候模型和歷史觀察，試圖確定人類影響（通常是暖化）在事件發生或嚴重程度上所起的作用。當你在颶風或類似事件後看到一篇文章，聲稱氣候變遷（作者指的是人類造成的氣候變遷）使事件發生的可能性增加了XX%或嚴重程度增加了YY%時，你看到的就是歸因研究的結果。[67]正如預期，歸因研究幾乎總是關注氣象災害，而不是無害的氣象事件。

在這一點上，可能不需要我告訴你，這類研究充滿了問題。許多因素導致了極端事件的發生，而在任何一事件中找出人類影響的結果肯定非常困難。IPCC的2012年極端事件特別報告（Special Report on Extreme Events, SREX）第三章的決策者摘要總結這個問題：

> 許多氣象和氣候極端事件是自然氣候變化的結果（包括聖嬰現象等），
> 而氣候的自然十年或數十年週期變化為人為（人類造成的）氣候變遷提

[5] National Academies of Sciences, Engineering, and Medicine. 2016. *Attribution of Extreme Weather Events in the Context of Climate Change*. The National Academies Press. https://www.nap.edu/catalog/21852/attribution -of -extreme -weather -events-in -the-context-of-climate-change.

[6] Fountain, Henry. "Scientists Link Hurricane Harvey's Record Rainfall to Climate Change." *New York Times*, December 13, 2017. https://www.nytimes.com/2017/12/13/climate/hurricane-harvey-climate-change.html.

[7] Risser, M. D., and M. F. Wehner. "Attributable human-induced changes in the likelihood and magnitude of the observed extreme precipitation during Hurricane Harvey." *Geophysical Research Letters* 44 (2017): 12, 457-12, 464. https://agupubs.onlinelibrary.wiley .com/doi/full/10.1002/2017GL075888.

供背景。即使沒有人為的氣候變遷，各式各樣的自然氣象和極端氣象仍然會發生。[8]

世界氣象組織（The World Meteorological Organization）甚至更進一步說：

……鑑於目前的科學認識狀況，任何單一事件，如嚴重的熱帶氣旋（颶風或颱風），無法歸咎於人類引起的氣候變遷。[9]

業內人士認為，在將氣象與氣候變遷聯繫起來方面，事件歸因研究是氣候科學能採取的最佳方式。但身為物理科學家，我對這種研究能獲得信任感到震驚，更不用說媒體報導了。科學的特點之一是，結論要根據觀察結果進行檢驗。但這對於氣象歸因研究來說幾乎是不可能的。這就像靈媒在你已經贏得樂透之後，聲稱她的精神力量幫助你得獎。檢驗此非比尋常說法的唯一方式是在她的幫助下多次購買樂透（無疑要付出相當大的代價！），看看你是否贏得比預期更多。數據是科學的試金石；檢驗氣象事件歸因的唯一可靠方法是看極端事件的統計屬性是否發生了變化，而這麼做根本不需要進行歸因研究。

結論是，科學表明，大多數極端氣象事件無法顯示可歸因於人類對氣候影響的長期趨勢（模型對未來極端氣象的預測是個不同的問題，儘管它經常與觀測紀錄所顯示的情況混為一談）。然而，人們普遍認為極端事件正在變得更加普遍和嚴重。這不僅僅是由於事件歸因研究增加，還有媒體混淆資訊，也是由於官方評估報告未能對科學的實際內容保持透明，有時甚至不正確。

在接下來的幾章中，我們將討論通常認為是人類造成氣候變遷幾種現象（其中包含一些極端氣象事件）的具體證據。這一章我們將從一個主題開始，

[8]　Intergovernmental Panel on Climate Change (IPCC). 2012. *Managing the Risks of Extreme Events and Disasters to Advance Climate Change Adaptation.* Cambridge and New York: Cambridge University Press. https://www.ipcc.ch/site/assets/uploads/2018/03/SREX_Full_Report-1.pdf.

[9]　World Meteorological Society. Frequently Asked Questions (FAQ). Accessed November 20, 2020. https://www.wmo.int/pages/prog/wcp/ccl/faq/faq_doc_en.html.

這個主題提供極富啟發的視角，即大眾對極端氣象的看法與相關科學之間的脫節是如何產生的。雖然只是氣候科學的一小部分，但說明了科學陳述給非專家的許多問題，包括偽造的分析、扭曲的結果、審查過程失靈和媒體的誇大。這是吸引了大量注意力的話題：破紀錄高溫。

我們都同意在過去的幾十年間全球暖化了。以下是IPCC AR5的另一個摘要聲明：

> ［自］1950年以來，**極有可能**寒冷的日夜減少，溫暖的日夜增加。有**中等程度的信心**認為，自20世紀中期以來，全球暖流（warm spells）的長度和頻率，包括熱浪，已經增加。[10]

科學證據對於更長或更頻繁暖流（如熱浪）只有溫和的「中等信心」，但對溫度提升的總體趨勢，IPCC則認為是「極有可能」，代表只有10%的錯誤機率。

然而由「每日高溫紀錄橫行，全球被烤焦！」等類似標題推動，公眾認為**極端**高溫正在增加──這完全錯誤。在擁有全球最全面和最高品質氣象數據的美國，創紀錄低溫確實變得少見，但創紀錄的日高溫並不比一世紀前更加頻繁。

但創紀錄高溫的頭條新聞（往往伴隨著紅色溫度計和荒蕪沙漠景象的視覺效果）並非憑空出現。美國政府最近的評估報告，即2017年氣候科學特別報告（CSSR），在這方面不僅是誤導，而且是錯誤的。用評估報告的行話來說，我有**極高度信心**這麼說，因為我在2019年春天做了一些調查。結果顯示令人不安的案例，說明民眾是如何被誤導，而科學成為了說服而非傳遞正確知識。CSSR的決策者摘要第19頁說（重要，且有**極高度信心**）：

> 美國本土的整體極端溫度有明顯的變化。在過去的二十年中，高溫紀錄

---

[10] IPCC. AR5 WGI Section 2.6.1.

的數量遠遠超過了低溫紀錄的數量。

CSSR提供了圖5.1（評估報告中的圖ES.5）來支持這項說法。

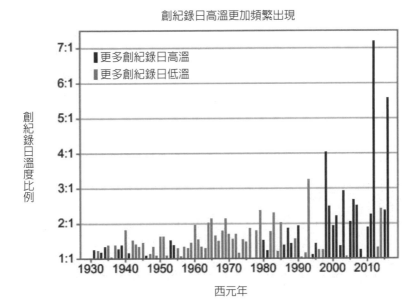

圖5.1　1930年至2017年美國本土四十八州觀測站的日最高氣溫紀錄與日最低氣溫紀錄的比率[11]
　　　（CSSR圖ES.5.）。

　　深色的直條表示高溫紀錄多於低溫紀錄的年份，而淺色的直條表示低溫
紀錄多於高溫紀錄的年份。直條的高度表示每一年的最高紀錄與最低紀錄的比
率。例如，淺色條的比率為2:1，代表該年各觀測站的日最低溫紀錄是日最高
溫紀錄的兩倍。

　　我想大多數讀者對這個數字感到震驚，就像我第一次看到時一樣。誰會不
驚訝呢？有數據支持的吸睛標題（「創紀錄日高溫更加頻繁出現」），曲棍球

[11] USGCRP. *Climate Science Special Report: Fourth National Climate Assessment, Volume I*: Executive Summary, Figure 5.

桿形趨勢在近年急遽上升（在原文中，有更多「高溫」的年份被塗上嚇人的猩紅色）。看起來氣溫確實在不斷上升。

但我對這張圖表和報告中一些其他數字之間的明顯不一致感到困惑，特別是圖5.2中轉載的數字。圖5.2顯示，自1900年以來，一年中最冷的平均溫度明顯升高，而最熱的平均溫度在過去六十年內幾乎沒有變化，今天與1900年的溫度差不多（如果你看右邊的最高溫度圖，也可以看到1930年「溫暖」的沙塵暴時期，當時的農業耕作，在大平原大幅擴大的耕地上過度耕種，增強了自然變化）。

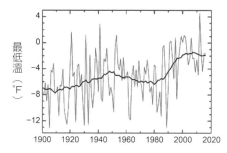
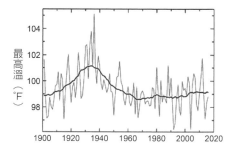

圖5.2　自1900年以來的最冷（左）和最熱（右）溫度，美國本土四十八州的平均數。淺色線條顯示的是逐年的數值，而深色線條顯示的是平滑處理後的趨勢（CSSR圖6.3）。[12]

當然，這些年平均紀錄溫度與用於構建圖5.1個別觀測站的每日紀錄溫度不是一回事。但似乎確實有這種可能，在圖5.1中顯示的最高紀錄與最低紀錄的比率上升，並不是因為高溫紀錄越來越普遍，而是因為隨著最低溫度提高，該比率的分母（每日記錄的最低溫次數）越來越小，而分子（每日記錄的最高溫次數）近幾十年來幾乎沒有變化。

不一致會激發科學家的好勝心。解決這些問題可以帶來深刻理解——我決心弄清楚問題的真相。為了做到這點，我首先查閱描述CSSR如何確定每日極端

---

[12]　USGCRP. *Climate Science Special Report: Fourth National Climate Assessment, Volume I*: Chapter 6: Temperature Changes in the United States, Figure 6.3.

溫度發生率的研究論文。[13][14]這些論文說明計算「流動紀錄」（running records）的方法，如果某觀測站在某年某日的最高溫度超過以往所有年份的最高溫度，則會記錄一筆日最高溫紀錄（同樣地，如果低溫低於之前所有年份的最低溫度，就會記錄一筆日最低溫紀錄）。這就是在每日氣象報告中出現的紀錄。

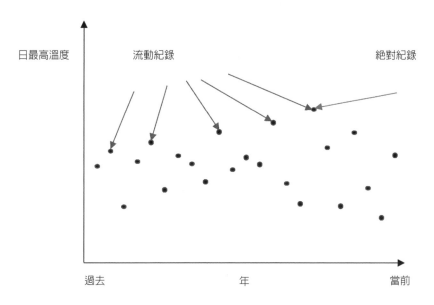

圖5.3　流動紀錄和絕對紀錄之間的差異，以單個觀測站的日最高溫度為例進行顯示。每筆流動紀錄都高於之前的所有年份，而唯一的絕對紀錄是所有年份中最高值。

　　但還有另一種計算紀錄的方法，如圖5.3中的高溫圖示。對於一特定日期的觀測站而言，一筆最高溫的「流動紀錄」出現於任一年量測到的該特定日期溫度高於過往有紀錄該特定日期年份。因此，在一個觀測期內有許多最高溫紀錄（例如，在圖5.1中，從1930年到現在）。相較之下，「絕對紀錄」的高溫

[13]　Meehl, G. A., C. Tebaldi, G. Walton, D. Easterling, and L. McDeaniel. "Relative increase of record high maximum temperatures compared to record low minimum temperatures in the U.S." *Geophysical Research Letters* 36, (2009): L23701.

[14]　Meehl, G. A., C. Tebaldi, and D. Adams-Smith. "US daily temperature records past, present, and future." Proceedings of the National Academy of Sciences, 2016.

在觀測期內只出現一次，即日最高溫度最高的那一年。

我很快就明白「流動紀錄」有很大的問題——隨著時間推移，流動高溫紀錄會變得越來越少，因為每個新的紀錄都「提高了標準」，使往後更難突破紀錄。想想看：在觀察期最初的兩年中，每日溫度只要比1930年和1931年的溫度高就可以成為「最高紀錄」。而到1980年時，要成為歷史最高紀錄，必須比過去五十年中的任何一天都要高。事實上，圖5.4顯示了流動紀錄數量下降，該圖出現在CSSR引用的一份參考數據中。[15]黑線顯示即使數據中沒有呈現出趨勢，「流動紀錄」數量預期的下降曲線。例如若最低溫沒有提高，「流動紀錄」的年度發生率（點）將與該下降曲線緊密相連（另一方面，如果最低溫劇烈降低，那趨勢將會位於曲線上方）。正如你所見，從1930年到現在，最高紀錄和最低紀錄的數量都在急遽下降，而最低溫紀錄的數量下降得更快——這就解釋了為什麼近年來最高溫紀錄和最低溫紀錄的比率更大，即使兩種紀錄的頻率皆大幅降低。

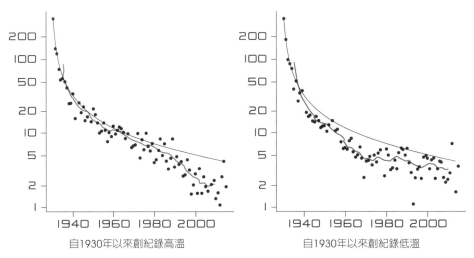

自1930年以來創紀錄高溫　　　　　　自1930年以來創紀錄低溫

圖5.4　以CSSR中「流動」方式計算的美國日極端溫度紀錄數。圓點表示創紀錄溫度的發生率（左圖為最高溫，右圖為最低溫），灰線為十一年的流動平均值。黑線表示如果沒有溫度趨勢，預期紀錄數量的下滑曲線。

---

[15]　Meehl, et al. "US daily temperature records past, present, and future."

　　CSSR的比率圖（我們的圖5.1）還有一個問題：流動紀錄的方式保證了它在早期會顯示平緩的趨勢，然後是隨之而來的劇烈波動。

　　要明白這點，試想分析期間的第二年（1931年）。在這一年中的每一天，每個紀錄溫度比前一年高的觀測站都會被計入「最高紀錄」，而溫度較低的觀測站則不會。我們假設CSSR有一千四百所觀測站（它沒有說具體數量，但2016年的分析[16]中為一千四百零八所）；由於破紀錄的標準低和溫度變化的隨機波動，大約一半的觀測站將落在前一年的溫度兩側，因此該年將統計出二十五萬五千五百個創紀錄溫度（365×1400/2）。同樣地，大約相同數量的低溫紀錄將被記錄下來，因此1931年（以及不久之後的幾年）的高溫紀錄與低溫紀錄比率接近1。由於這些數字很大（並且在最初幾年將皆是如此），在觀察期的早期，該比率不會與1比1有太大差異。然而，在隨後幾年裡，隨著新紀錄的增加，紀錄的數量變得更少，因此比率的波動更大。結果是，使用流動紀錄的方法，比率圖保證在紀錄開始時顯示出長期落於1左右的數值，然後在觀測期尾聲出現劇烈的波動，造成最近幾十年巨大變化的印象，即使變化並不存在。雖然它產生了可怕的視覺效果，但這個比率與溫度的實際變化幾乎毫無關係。

　　在瞭解了CSSR呈現出嚴重誤導的美國每日溫度紀錄後，我自然想知道使用絕對紀錄的適當分析會產生什麼結果。我也很想知道1930年之前的溫度紀錄是怎麼回事，因為美國的溫度觀測在1900年之前就已經存在了。

　　為了回答這些問題，我不得不從頭開始：下載大量的美國氣象站數據進行整理，並編寫程式來分析這些數據。但擁有廣泛科學熟人網絡的好處是，我幾乎總能找到比我自己更快（和更好）完成分析的人。我聯繫了阿拉巴馬大學亨茨維爾分校（University of Alabama at Huntsville）的約翰・克里斯蒂（John Christy）教授，我在參加2014年APS研討會時見過他。約翰有機會接觸到大量的美國氣象紀錄，並善於以不同的方式分析這些紀錄，很快他就著手進行這個案子。

---

[16]　Meehl, et al. "US daily temperature records past, present, and future."

　　細心的研究人員在嘗試新事物之前，總是要確保他們能夠重現現有的結果。在此案例中特別重要，因為當我告訴他CSSR中使用的流動紀錄方法存在問題時，約翰起初並不相信。所以他首先證明他可以用自己的數據集重現CSSR的圖ES.5。然後他繼續用「絕對紀錄」的標準方法進行分析。絕對紀錄的統計量沒有流動紀錄方法的結構性下滑；如果這些紀錄的數量在觀察期內有明顯變化，那就是因為溫度本身的趨勢。

　　克利斯蒂對絕對紀錄高溫和低溫的分析，使用了1895年起七百二十五個美國觀測站的數據。這大約是1930年開始的CSSR分析中使用觀測站數量的一半，因為1895年時有高品質紀錄的觀測站較少。然而他的結果令人信服，如圖5.5所示。

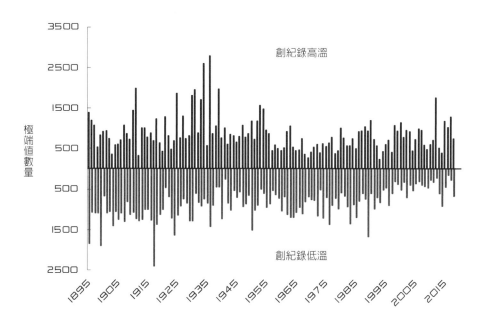

圖5.5　自1895年至2018年美國七百二十五個觀測站的每日極端溫度紀錄數，以「絕對」方法計算。上圖顯示了每年的最高氣溫紀錄數（每十萬筆觀測值），而下圖顯示了最低氣溫紀錄數。

　　最高溫紀錄清楚標示出溫暖的1930年代，但在一百二十年的觀測中沒有明顯的趨勢，甚至自1980年以來，在人類對氣候的影響強烈增長也是如此。相反地，在一個多世紀中，每日最低溫紀錄數量在下降，這一趨勢在1985年後加速。這兩張圖共同顯示了與一般看法完全相反的結論——自19世紀末以來，美國本土地區的極端溫度已經變得較為少見，且更暖和。

　　然而，CSSR的決策者摘要重點呈現錯誤的比率圖（圖5.1），並附有「創紀錄每日高溫更頻繁出現」的說明。即使你寬厚地認為作者「忘記」加上「……與創紀錄的低溫相比」，也無法辯駁它低劣的誤導行為，特別是當它與報告中關於極端溫度的其他數據一起使用時。當該圖再次出現在報告的第六章時，旁邊的文字是「自1970年代末以來，創紀錄的最低氣溫數量一直在下降，而創紀錄的最高氣溫的數量一直在增加」。但根據CSSR自己的定義，最高溫紀錄的數量一直在下降。

　　宣稱「旨在成為氣候變化科學的權威評估」的報告為何會如此曲解數據呢？[17]畢竟，CSSR接受了多項審查，其中包括由美國國家學院（NASEM）召集的專家小組的審查。

　　當我進一步挖掘時，我發現事實上美國國家科學院的專家審查小組已經批評[18]了CSSR後期草稿[19]中對溫度極端值的討論。以下是該草稿中第六章的關鍵發現二：

　　　　伴隨著平均溫度的上升，美國多數地區的極端溫度事件也如預期增加。自20世紀初以來，在整個美國本土地區，極度寒冷日的溫度變高了，而在西部大部分地區，極度溫暖日的溫度也變高了。近幾十年來，強烈寒流變得少見，而強烈的熱浪卻更頻繁發生（**極有可能，極高度信心**）。

[17] USGCRP. *Climate Science Special Report: Fourth National Climate Assessment, Volume I*: "About This Report." https://science2017.globalchange.gov/chapter/front -matter-about/.

[18] National Academies of Sciences. "Review of the Draft Climate Science Special Report." The National Academies Press, March 14, 2017. https://www.nap.edu/catalog/24712/review-of-the-draft-climate-science-special-report.

[19] Wuebbles, Donald, David Fahey, and Kathleen Hibbard (coordinating lead authors). "U.S. Global Change Research Program Climate Science Special Report (CSSR)." USGCRP, December 2016. https://biotech.law.lsu.edu/blog/Draft-of-the-Climate-Science-Special-Report.pdf.

美國國家學院的審查小組以學術審查的外交口吻對這項發現進行了如下批評：

> 此外，鑑於本章中大多數圖形顯示歷史紀錄中的極端溫暖數下降，因此難以理解的是，包括極端溫暖溫度增加的說法如何與極高度信心或極有可能的說法相關聯。

當然，這也曾是引起我自己懷疑的不一致之處。

當時負責CSSR的聯邦官員〔邁克・庫珀伯格（Michael Kuperberg），時任美國全球變遷研究計畫執行主任〕對科學院對第六章的審查做出回應：

> 幾乎所有來自美國國家學院的建議都被納入[最終版本]……並且增加了一個關於最高和最低溫度紀錄變化的新圖表。[20]

「新圖表」是最終報告中聲名狼藉的比率圖，圖ES.5（本書的圖5.1）。國家學院的審查小組似乎不像在添加該圖後看過——如果看到了，他們肯定會發表意見，而且我懷疑報告是否會被出版。在隨後的政府內部審查中，這張圖表的問題顯然未被指出（或被忽略）。

因此，以上皆是我對識別和糾正官方政府報告中，對氣候科學的顯著錯誤陳述有**極高信心**的原因。這並非吹毛求疵；而是確實很重要。美國更頻繁出現高溫紀錄的錯誤概念可能會污染隨後的評估報告，這些報告總是引用先前的報告。更廣泛地說，對於那些關心社會決策中，科學投入的品質及其產生過程的誠信的人來說，這很重要。對於那些宣稱評估報告具有無可懷疑權威性的人來說，這也應該很重要。對媒體在氣候科學的表述上也很重要，因為媒體對此類

---

20 Kuperberg, Michael, and CSSR Writing Team. Letter to Dr. Philip Mote (Chair) and the NAS Committee to Review the Draft Climate Science Special Report. November 2, 2017. https://science2017.globalchange.gov/PDFs/CSSR-NASresponse_110217.pdf.

錯誤「結論」發聲。

　　CSSR在創紀錄溫度問題上的失敗可能是由於無能，但我懷疑不是。該報告本來可以更自然地分別列出最高溫紀錄與最低溫紀錄的圖表，而非兩者的比率，正如我們所見，這很有創意。但這麼做會使這圖表看起來像圖5.4中的下降曲線，使人很難以持續攀升的極端溫度數量作為氣候被破壞的證據。如果有人能解釋這誤導性分析是如何有利於傳遞正確知識而非說服，我會非常高興。

　　毫無意外，媒體爭先恐後報導CSSR關於創紀錄溫度的虛假資訊。例在2019年3月，美聯社（Associated Press）以〈美聯社發現，高溫紀錄出現頻率是低溫紀錄的兩倍〉為題發表了一篇廣為流傳的報導。[21]記者使用了四百二十四個觀測站的數據，將CSSR的流動紀錄分析延伸到了1920年。有趣的是，他們呈現的圖表只從1958年開始，省略了文中分析的三分之一以上年份（1920年至1957年）——也許是因為如克利斯蒂的分析所顯示，1930年代和1940年代不利於他們的論點。

　　在美聯社的文章中（除了數字標題），沒有一處提到高溫紀錄和低溫紀錄的數量**都**在下降。不可置信的是，他們甚至引用一位前氣象頻道氣象學家的話，而引用內容與他們自己的圖表完全矛盾。「極端溫度正更頻繁出現。更多危險的極端溫度發生機率，將隨時間推移而增加。」

———

　　簡而言之，我想用以下聲明來總結關於極端溫度的數據。與本章開頭引用的CSSR的說法相比，它成為標題的潛力要小得多，但優點是正確：

　　　　整個美國本土地區的極端溫度有一些變化。在過去的一個世紀和過去的
　　　　四十年中，每年高溫紀錄的數量沒有明顯的趨勢，但自1895年以來，每

21　Borenstein, Seth, and Nicky Forster. "Heat Records Falling Twice as Often as Cold Ones, AP Finds." Associated Press, March 19, 2019. https://apnews.com/7d00e38b9ba1470fa526b1d a739c5da8.

年的低溫夜晚數量有所下降，在過去的三十年中下降得更快。

　　當然，溫度以這種方式變得更溫和（更少的嚴寒和寒冷的夜晚），與更普遍的炎熱夏季和熾熱下午相比，是個相當不同的情境（而且不那麼驚悚）。事實上，最低溫度上升的證據與地球暖化完全一致──只是並非由添加爆裂溫度計插圖的「烤焦」情境。

第六章

暴風雨恐慌

致命的颶風時代本應是短期的，然而現在越來越糟了。──《富比士》
（*Forbes*）2020年10月7日[1]

　　與其他人相同，每次颶風襲擊美國時，我都會聽到媒體上如同上述說法不同版本的疾呼。訊息很明確：風暴正變得越來越普遍，越來越強烈，而溫室氣體排放持續增加將使一切變得更糟糕。但是，數據和研究文獻與此類訊息截然不同。混亂的來源是聯合國出版之評估報告，報告提出了與他們自己研究成果不一致的「導向性」摘要。本章將深究有關氣候和風暴的事實，從暴風雨中找出真相，並證明颶風和龍捲風沒有顯示出可歸因於人類影響的變化。

　　先談些背景術語。從技術上講，「颶風」（hurricane）是指大西洋或東太平洋熱帶氣旋的術語；這些風暴在西太平洋被稱為「颱風」（typhoon），在孟加拉灣和印度洋北部被稱為「氣旋」（cyclone）。我不會做這些區分，一般會用美國用語「颶風」來表示所有這些風暴。在遠達幾百英里的範圍內，這些風暴系統的特點是有一個低壓中心（颶風眼），周圍是螺旋狀的雷雨風暴和旋風（北半球是逆時針，南半球是順時針）所產生的大雨。颶風眼氣壓越低，周圍的風就越強。颶風的風速大於每小時一百一十九公里（七十四英里）；如果較弱則被稱為熱帶風暴（tropical storm），更弱的稱為熱帶低壓（tropical depression）。颶風以薩菲爾－辛普森（Saffir-Simpson）等級由一至五劃分強度。[2]

---

[1]　Mack, Eric. "This Era of Deadly Hurricanes Was Supposed to Be Temporary. Now It's Getting Worse." *Forbes*, October 7, 2020. https://www.forbes.com/sites/ericmack/2020/10/07/this-era-of-deadly-hurricanes-was-supposed-to-be-temporary-now-its-getting-worse/.

[2]　US Department of Commerce, NOAA. "Saffir-Simpson Hurricane Scale." National Weather Service,

主要風暴（三到五級）的風速超過每小時一百七十九公里（一百一十一英里）。

颶風是由赤道兩旁海洋上誕生的熱帶低壓（低壓區）發展而來。然後向兩極移動，確切路徑取決於區域風向；大多數颶風從未觸及陸地。全球每年大約有四十八個颶風。其中三分之二在北半球（颶風季是6月至11月），三分之一在南半球（11月至5月）。按整數計算，大約60%在太平洋，30%在印度洋，10%在北大西洋；颶風在南大西洋非常罕見。

除了追蹤每年各類別和地點的颶風數量外，科學家們還開發了其他衡量風暴活動的方法。其中之一是累積氣旋能量（Accumulated Cyclone Energy, ACE），它結合了風暴的數量和強度，根據強度加權（風暴以其風速的平方加權）。[3]另一項指標是功率耗散指數（Power Dissipation Index, PDI），類似於ACE，但給予最強烈風暴更大的權重（每個風暴被加權為其風速的三次方）。[4]

良好的颶風紀錄可以追溯到1966年出現的衛星觀測。誰沒見過環繞圓形颶風眼的可怕照片？雖然遠非完整，飛機的觀測可以追溯至1944年左右。然而，在那之前，就只有那些登陸風暴的紀錄，或者偶爾有不幸遭遇風暴船隻的報告。再往前追溯就要依靠歷史報告和各種代用數據〔**古風暴學**（paleotempestology）是該研究領域的絕妙名稱〕。因此，為了瞭解七十多年來（在人類重大影響開始之前）的趨勢，我們必須糾正不精確和不完整的觀察，不幸的是，這在整個氣候科學中太常見了。

形成颶風的低壓區是由溫暖海面上的水蒸發而產生；然後，這些水蒸氣在大氣層高處凝結時釋放熱量。這也是颶風誕生後成長和維持的過程。因此，你可能期望看到隨著海面的變暖，颶風活動的穩定增加。但事情沒有那麼簡單，從圖6.1所示的北大西洋颶風的年度數量和累積氣旋能量的長期紀錄中可以看

June 14, 2019. https://www.weather.gov/mfl/saffirsimpson.

3　Climate Prediction Center Internet Team. "Background Information: North Atlantic Hurricane Season." NOAA Center for Weather and Climate Prediction, Climate Prediction Center, May 22, 2019. https://www.cpc.ncep.noaa.gov/products/outlooks/Background.html.

4　Villarini, Gabriele, and Gabriel A. Vecchi. "North Atlantic Power Dissipation Index (PDI) and Accumulated Cyclone Energy (ACE): Statistical Modeling and Sensitivity to Sea Surface Temperature Changes." *Journal of Climate* 25 (2012): 625-637. https://journals.ametsoc.org/jcli/article/25/2/625/33791/North -Atlantic -Power -Dissipation-Index-PDI-and.

出。大西洋多年代振盪（AMO——在第四章中討論過）的長期波動影響了颶
風形成地區的海面溫度，因此會加強或抑制颶風活動。

　　即使有非常溫暖的海洋溫度，還需要恰到好處的大氣條件才能形成颶風。
圖6.2顯示了功率耗散指數與海面溫度的變化。正如你所見，直到2008年左右，
強烈的颶風活動與海面溫度密切相關，……然後就不一樣了。這是因為還有其
他一些環境因素[5]起著作用，包括風切（wind shear，風速或風向隨高度的變化）[6]
和來自撒哈拉沙漠沙塵的影響（氣候模型都沒有將這兩點適當納入考量）。[7][8]

年度颶風數量（1851-2020年）

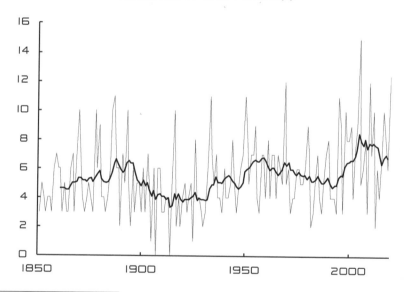

5　　Emanuel, K. A. "Environmental factors affecting tropical cyclone power dissipation." *Journal of Climate* 20（2007）: 5497-5509. https://doi.org/10.1175/2007JCLI1571.1.

6　　Kossin, J. "Hurricane intensification along United States coast suppressed during active hurricane periods." Nature 541（2017）: 390-393. https://doi.org/10.1038/nature20783.

7　　Evan, Amato T., Cyrille Flamant, Stephanie Fiedler, and Owen Doherty. "An Analysis of Aeolian Dust in Climate Models." *Geophysical Research Letters* 41（2014）: 5996-6001. https://agupubs.onlinelibrary.wiley.com/doi/full/10.1002/2014GL060545.

8　　Vecchi, G. A., T. L. Delworth, H. Murakami, et al. "Tropical cyclone sensitivities to CO2 doubling: roles of atmospheric resolution, synoptic variability and background climate changes." *Climate Dynamics* 53（2019）: 5999-6033. https://link.springer.com/article/10.1007/s00382-019-04913-y.

累積氣旋能量（1851-2020年）

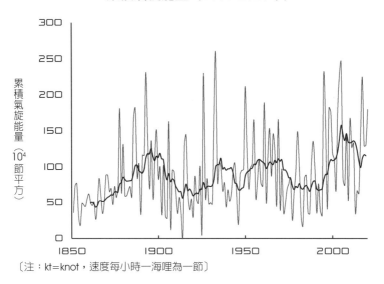

〔注：kt=knot，速度每小時一海哩爲一節〕

AMO指數（1856-2020年）

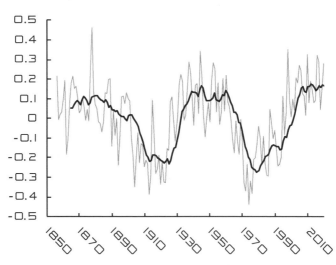

圖6.1 從1851年至2020年，北大西洋每年的颶風數量（上圖）和累積氣旋能量（中圖）。下圖為圖4.4中的AMO指數。在每張圖中，淺色線顯示每年變化，而黑色線是十年的追蹤平均數。[9]

---

[9]　Department of Atmospheric Science, Tropical Meteorology Project, Colorado State University. "North

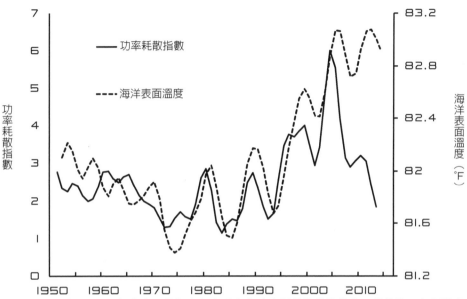

圖6.2　1949年至2015年北大西洋年度海表溫度和功率耗散指數的變化。數據按五年平滑處理。[10]

當然，僅因為溫度不是颶風形成的唯一因素，並不意味著自然或人為造成的暖化都沒有影響。

————

在2016年夏天為一個美國政府機構提供諮詢時，我研究了近幾十年來，人類的影響是否使颶風變得更強大。我研究了美國政府發布的（當時最新的）國家氣候評估（NCA2014）。其關鍵資訊8寫道：

Atlantic Ocean Historical Tropical Cyclone Statistics." 2020. http://tropical.atmos .colo state .edu/ Realtime/index.php?arch&loc=northatlantic.

[10]　Emanuel, K. A. 2016. Update to data originally published in: Emanuel, K. A. 2007. "Environmental factors affecting tropical cyclone power dissipation." *J. Climate* 20 (22): 5497-5509. https://www.epa. gov/climate-indicators/climate-change-indicators-tropical -cyclone -activity.

自20世紀80年代初以來，北大西洋颶風的強度、頻率和持續時間，以及最強（四級和五級）颶風的頻率，都有所增加。人類和自然原因對這些增長的相對影響仍不確定。隨著氣候繼續暖化，與颶風有關的風暴強度和降雨率預期將會增加。[11]

該報告以圖6.3來支持這一說法，顯示從1981年開始，北大西洋的PDI（即最強的颶風）似乎有驚人的增長。雖然圖6.2中顯示2005年後的下滑在圖6.3也可以看到，但總體上升趨勢被突顯了，所以在非專家的眼中，看起來我們有麻煩了，而且會有更多的麻煩。

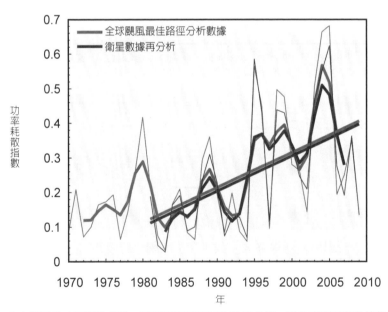

圖6.3　北大西洋的功率耗散指數。顯示了兩種不同的數據分析，以及表明兩種數據趨勢的直線（NCA2014，圖2.23）。

---

[11] Melillo, Jerry M., Terese (T. C.) Richmond, and Gary W. Yohe, eds. 2014. *Climate Change Impacts in the United States: The Third National Climate Assessment.* U.S. Global Change Research Program, 841. doi:10.7930/J0Z31WJ2., 41.

但由於圖6.3僅始於1970年，於是我的科學家好奇心啟動了，我自然想知道：**這趨勢有多不尋常？在更早年份是什麼狀況？**颶風在此之前就有紀錄，即使數據在隨回溯時間越長而更不確定，但瞭解過往數據的內容可以協助我們闡明現在的趨勢。例如，最近幾十年颶風規模與數量的提升，在人類影響較小的時候是否就曾出現？而直線上升趨勢是否真的預示著未來會發生？如果沒有別的原因，氣候數據通常是持續顯示出非常多的起伏。

因此，我深入研究評估報告所引用的主要研究論文。令我驚訝的是，我發現論文中非常明確地指出，在颶風頻率、強度、降雨量或風暴潮洪水方面，**沒有超出自然變化的重大趨勢。**[12]

這似乎與國家氣候評估的驚人附圖直接相悖，所以我回頭更澈底地搜索了國家氣候評估。在第769頁，埋藏在附錄3中，我發現如下陳述：

> 全球熱帶氣旋的數量沒有明顯的趨勢，登陸美國的颶風數量也未發現任何趨勢。[13]

哇！我心想。這太奇怪也太重要了。為什麼這不是作為關鍵資訊出現在本文中？

在準備2014年國家氣候評估時，專家們幾乎無人不知颶風數據中沒有明顯的趨勢。IPCC的第五次評估報告（AR5）在2013年末發布，報告明確指出，對颶風活動的任何長期增長都沒有信心。而2012年對PDI回溯到1880年的重建強化了最近幾十年沒有任何異常的結論，指出：「在1949年之前有些時期與1995年後活動加劇時期相比是相對活躍的。」[14]換句話說，在人類影響變得顯著之

[12] Knutson, Thomas R., John L. McBride, Johnny Chan, Kerry Emanuel, Greg Holland, Chris Landsea, Isaac Held, James P. Kossin, A. K. Srivastava, and Masato Sugi. "Tropical Cyclones and Climate Change." *Nature Geoscience* 3 (2010): 157-163. https://www.nature.com/articles/ngeo779.

[13] USGCRP. *Climate Change Impacts in the United States: The Third National Climate Assessment.* "Appendix 3: Climate Science Supplement," page 769. http://nca2014.global change .gov/report/appendices/climate-science-supplement.

[14] Villarini, Gabriele, and Gabriel A. Vecchi. "North Atlantic Power Dissipation Index (PDI)

前，也有一些時期颶風活動至少與當前一樣活躍。

　　無論是因AMO週期目前處於「高峰期」（如圖6.1所示）還是由於其他原因，颶風活動自90年代中期以來比70年代高。但當近幾十年的紀錄置入歷史脈絡中時，2014年國家氣候評估中強調的PDI的趨勢並不特別令人驚訝。圖6.4顯示了從1949年至2019年每年的北大西洋的功率耗散指數。粗直線顯示了NCA2014強調的趨勢。由於數據中每年的變化很大，我們可以合理地畫出一條從1960年至1985年的直線，趨勢是迅速下滑的**負值**。換句話說，NCA2014沒有收錄更早年份的數據，使突顯的趨勢看起來不那麼顯眼。

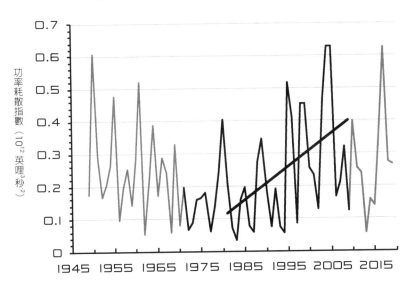

圖6.4　1949年至2019年北大西洋的功率耗散指數。黑色數據和趨勢線在NCA2014中被強調（本書的圖6.3），而灰色數據顯示1971年之前和2009年之後的數據。[15]

---

and Accumulated Cyclone Energy (ACE): Statistical Modeling and Sensitivity to Sea Surface Temperature Changes." *Journal of Climate* 25 (2012): 625-637. https://journals.ametsoc.org/jcli/article/25/2/625/33791/North -Atlantic -Power -Dissipation-Index-PDI-and.

[15] Data prior to 2009 from Reference 14; data post 2008 as derived by Ryan Maue at www.climatlas.com from HURDAT2 data, https://www .nhc.noaa.gov/ data/#hurdat.

　　隨後的《國家氣候評估》在2017年作為《氣候科學特別報告》（CSSR）發布，持續對颶風「避重就輕」的做法。在第九章的關鍵結論1寫道：

> 人類活動對觀察到的大西洋的海洋－大氣變化有很大影響（**中等信心**），這些變化對1970年代以來觀測到北大西洋颶風活動的上升趨勢產生作用（**中等信心**）。[16]

　　對於關鍵結論而言，這是相當薄弱的陳述——對人類活動造成了海洋－大氣變化（**有多少？**）有中等信心，然後是對變化造成了「觀測到的上升趨勢」（**有多少？**）有中等信心。由CSSR第9.2節中有關於此主題的文字，較以上陳述預期的誇張很多：

> ……在考慮了過去觀測能力的變化後，對任何TC（熱帶氣旋）活動長期（多年至百年）增長是否可靠，仍然信心不足。這並不是說活動沒有增加，而是數據的品質還不夠高，不能很有把握地確定這一點。此外，有人認為，在數據品質最高的時期（自1980年左右起），全球觀測到的環境變化不一定能支持熱帶氣旋強度的可檢測趨勢。也就是說，趨勢信號尚未夠長足以證明有超越自然背景變化。

　　哇！讓我們暫停一下看看最後的幾句：「全球觀察到的變化……不一定支持可檢測趨勢……，趨勢信號尚未夠長足以證明有超越自然背景變化。」如果我們不能確信持久趨勢的存在，我們當然不能有信心將其歸咎於人類的影響。

　　美國國家科學院的審查比CSSR的避重就輕更糟。[17]在第38頁上有一項建

---

[16] USGCRP. *Climate Science Special Report: Fourth National Climate Assessment, Volume I: Chapter 9.* https://science2017.globalchange.gov/chapter/9/.

[17] National Academies of Sciences. "Review of the Draft Climate Science Special Report." The National Academies Press, March 14, 2017. https://www.nap.edu/catalog/24712/review-of-the-draft-climate-science-special-report.

議，即使不知根源爲何，CSSR也應強調最近PDI的上升趨勢（我們在圖6.4中看到的現象並不罕見）。

2017年CSSR中對颶風的討論嚴重違背費曼的韋森油警告，即科學家必須「儘量提供所有的資訊，以協助他人判斷你的貢獻之價值；而不是只提供引導往某一特定方向判斷的資訊」。

近期的研究只突顯了熱帶氣旋缺乏「新聞」價值。2019年由十一位熱帶氣旋專家共同撰寫一篇具里程碑意義的論文，呈現了專家意見非同尋常的分歧。[18]這些作者發現，熱帶氣旋活動中任何可察覺變化的**最有力**案例是西北太平洋風暴的平均軌道非常緩慢地向北移動（在過去七十年中每十年0.19°±0.125°緯度，1.5σ標準差）。此外，即使對於這緩慢、微小的變化（每十年二十一公里或十三英里），十一位作者中有八位也只有偏低的中等信心。最重要的是，大多數作者對任何觀察到其他超出可歸因於自然變化範圍之外的熱帶氣旋變化只有低度信心。[19]

我一直無法找到這份論文的任何媒體報導（甚至是新聞稿）。反之，媒體繼續發布沒有根據的警告。例如，《今日美國》（*USA Today*）在預告一項以不同方式研究的報告時，使用了「研究顯示，全球暖化正在使颶風變得更強」[20]的標題。該研究的研究人員使用新方法分析熱帶氣旋的衛星影像以確定風暴強度。[21]他們發現在北大西洋盆地有個短期更劇烈的風暴趨勢，並將之與

---

[18] Knutson, Thomas, Suzana J. Camargo, Johnny C. L. Chan, Kerry Emanuel, Chang-Hoi Ho, James Kossin, Mrutyunjay Mohapatra, et al. "Tropical Cyclones and Climate Change Assessment: Part I: Detection and Attribution." *Bulletin of the American Meteorological Society* 100 (2019): 1987-2007. https://journals.ametsoc.org/doi/abs/10.1175/BAMS-D-18-0189.1

[19] For another recent analysis showing no long-term trends in Atlantic hurricanes over more than a century, see also Loehle, C., and E. Staehling. "Hurricane trend detection." *Natural Hazards* 104 (2020): 1345-1357. https://link.springer.com/article/10.1007/s11069-020-04219-x#Abs1.

[20] Rice, Doyle. "Global warming is making hurricanes stronger, study says." *USA Today*, May 18, 2020. https://www.usatoday.com/story/news/nation/2020/05/18/global-warming -making-hurricanes-stronger-study-suggests/5216028002/.

[21] Kossin, James P., Kenneth R. Knapp, Timothy L. Olander, and Christopher S. Velden. "Global Increase in Major Tropical Cyclone Exceedance Probability over the Past Four Decades." PNAS: *Proceedings of the National Academy of Sciences* 117 (22): 11975-11980. https://www.pnas.org/content/

多年代變化聯繫起來，「由於尚未完全瞭解該變化的氣候驅動因素，因此使檢測變得複雜」。他們最後的結論是：

> 最終，有許多因素促成了熱帶氣旋強度的特點和觀測到的變化，本研究並未企圖詳細梳理所有相關因素。特別是，在這項觀測性研究中發現的顯著趨勢並不構成傳統的正式檢測，也不能精確量化來自人為因素造成的影響。

　　然而在《今日美國》文章的第二句話卻明確說道：「人類造成的全球暖化加強了全球各地的颶風、颱風和旋風的風速。」

　　這不僅僅是氣候報導中經常出現的不精確。事實是，雖然氣候暖化可能確實會在某個時間點導致颶風活動產生某些變化，但當前根本沒有證據表明影響正在發生。沒錯，颶風造成的經濟損失正在增加，但這是因為海岸附近有更多居民和更有價值的基礎設施，而不是因為風暴特性正在發生長期變化。[22]雖然風暴在未來有可能變得更嚴重，但對基於模型的風暴預測評估顯示，在人類造成暖化2℃（3.6℉）的情況下，這種變化很難說是災難性的——對許多（但非所有）衡量風暴活動的指標不過提高10%到20%，但即使這種陳述也只有中等到高度的信心[23][24]。

---

early/2020/05/12/1920849117.

[22] Weinkle, Jessica, Chris Landsea, Douglas Collins, Rade Musulin, Ryan P. Crompton, Philip J. Klotzbach, and Roger Pielke. "Normalized Hurricane Damage in the Continental United States 1900-2017." *Nature Sustainability* 1 (2018): 808-813. https://www .nature.com/articles/s41893-018-0165-2; Pielke, Roger. "Economic 'normalisation' of disaster losses 1998-2020: a literature review and assessment." *Environmental Hazards*, August 5, 2020. https://www.tandfonline.com/doi/abs/10 .1080/17477891.2020 .1800440 ?journalCode=tenh20.

[23] Knutson, Thomas, Suzana J. Camargo, Johnny C. L. Chan, Kerry Emanuel, Chang-Hoi Ho, James Kossin, Mrutyunjay Mohapatra, Masaki Satoh, Masato Sugi, Kevin Walsh, and Liguang Wu. "Tropical Cyclones and Climate Change Assessment—Part II: Projected Response to Anthropogenic Warming." *Bulletin of the American Meteorological Society* 101 (2020): E303-E322. https://journals.ametsoc.org/doi/pdf/10.1175/BAMS-D-18-0194.1.

[24] 2020 年北大西洋季風很活躍，命名風暴的數量創歷史新高，但幾乎所有其他衡量風暴活

　　無論未來如何，評估報告中對颶風數據的描述因疏忽而產生誤導。他們違背了刻在華盛頓特區國家科學院雕像上，愛因斯坦的著名格言：「尋求真理的權利也意味著責任，一個人不應掩蓋他知其為真的任何事實。」至於媒體，以颶風為例說明人為氣候變遷造成的破壞，往好處說是沒有說服力，往壞處說是毫無誠信。

　　當然，颶風並不是唯一造成破壞和贏得頭條的風暴。雖然龍捲風發生在全球各地，但美國的龍捲風數量是所有國家中最多的。美國的龍捲風在春季最為頻繁，沿著龍捲風走廊（Tornado Alley）從北德州一路延伸至南達科他州。龍捲風無法預測，並沿著平均八公里（五英里）長，看似隨機的路徑前行。龍捲風範圍極小（通常是一百六十公尺（五百英尺）寬，但有些可能大上幾倍），但沿著細長的路徑，會造成嚴重的損害；除雷擊外，它們可能是最「個人」的極端氣象事件。

　　人們很自然會問龍捲風是否隨著氣候變化而改變——並且想知道隨著人類對氣候的影響越來越大，在未來會如何改變。對於科學家來說，回答這些問題要從查看數據開始。

　　圖6.5顯示了美國每年龍捲風的數量。這看起來當然不是好消息：在過去的二十年裡，龍捲風發生頻率是1950年後二十年的兩倍多，這一變化發生在全球明顯暖化的時期內。

　　但這完美指出誤解相關性的危險。在谷歌上快速搜索就會發現，漁船和電影暴力的數量自1950年以來也增加了一倍，當然這些趨勢都不是因氣候變化所造成。就龍捲風而言，「趨勢」的關鍵在於瞭解數據是如何編製的，而編製數據往往與數據本身一樣重要。那麼，龍捲風是如何被計算的呢？

　　今天，氣象雷達可以從超過一百六十公里（一百英里）的距離探測到非常弱的龍捲風。然而，廣泛部署雷達之前，低強度龍捲風並不總是能被記錄在案。雖然高強度龍捲風會留下明顯的破壞痕跡，但較弱的龍捲風可能來去無

動的指標都不是史無前例的。其ACE（氣旋能量指數）低於之前有十二年之紀錄，十二年中有一半在1950年之前。

蹤，特別是在人口稀少的地區。為了看看在過去的七十年裡，龍捲風的數量是否有真正的變化，我們必須修正在記錄的早期強風暴較多的觀測偏差。

美國年度龍捲風數量（1950-2019年）

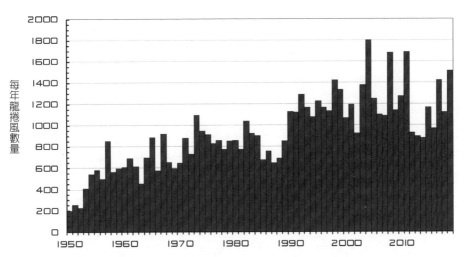

圖6.5 從1950年至2019年，NOAA每年記錄美國本土四十八州的龍捲風數量。[25]

龍捲風的強度是依據改良藤田級數（Enhanced Fujita Scale）測量的；最初的藤田級數是在1971年提出，改良版本在2007年開始採用。強度類別由最弱的EF0到風速超過260英里／小時的EF5。在今日的美國，60%記錄的龍捲風是EF0類，而在1950年，類似風暴只占紀錄總數的20%左右。顯示記錄龍捲風數量的增長是由於近幾十年來計入更多的低強度風暴，根據NOAA的說法，事實就是如此。[26]

[25] NOAA National Centers for Environmental Information (NCEI). "Tornadoes—Annual 2019." National Climatic Data Center, January 2020. https://www.ncdc.noaa.gov/sotc/tornadoes/201913.

[26] NOAA NCEI. "Historical Records and Trends: Ratio of (E) F-0 Tornado Reports to Total Reports." National Climatic Data Center, 2020. https://www.ncdc.noaa.gov/climate-information/extreme-events/us-tornado-climatology/trends.

　　我們可以只看EF1和更強類別的風暴（最可能造成破壞的龍捲風）來修正過去對計算弱風暴的觀測偏差，結果為圖6.6。上圖是強度為EF1或更高的美國龍捲風年度計數，顯示在過去六十年中沒有呈現特別趨勢，儘管隱約有個四十年的週期。下圖只計入最強的龍捲風（EF3或以上），並顯示它們的數量在1954年之後的六十年中**減少**了大約40%。換句話說，自20世紀中期以來，隨著人類影響的增加，主要龍捲風的數量基本上沒有什麼變化，但高強度風暴發生頻率已然降低。

　　不僅總數量減少了，龍捲風也從大平原中、南部轉移到了中西部和東南部。[27]其他龍捲風屬性的趨勢不大穩定。正如CSSR所指出，近幾十年來，龍捲風發生的狀況更加多變——每年出現龍捲風的日子更少，但同一天出現多個風暴的情況變得更多。[28]圖6.7中繪製了1955年至2013年美國每年的龍捲風活動，顯示出這樣的狀況。

　　是自然或人為因素造成過去幾十年的變化仍是個謎。龍捲風本身便很難預測。我們知道它們是由暴風雨（thunderstorm）形成，但不是每個暴風雨都會產生龍捲風，即使暴風雨的溫度和濕度、風切和「旋轉」是有利於形成龍捲風也是如此。然而，我們**可以**很有信心將一個與龍捲風有關的劇烈變化主要歸因於人類活動，雖然不是一般想像的方式——自1875年以來，美國每年死於龍捲風的人數下降了十倍以上（目前約為每十萬人0.02人），主要是由於雷達警告的進步。[29]

[27] Gensini, V. A., and H. E. Brooks. "Spatial trends in United States tornado frequency." *npj Climate and Atmospheric Science* 1 (2018). https://www.nature.com/articles/s41612-018-0048-2.

[28] USGCRP. *Climate Science Special Report: Fourth National Climate Assessment, Volume I*: Chapter 9: Extreme Storms. https://science2017.globalchange.gov/chapter/9/.

[29] Brooks, Harold E., and Charles A. Doswell III. "Deaths in the 3 May 1999 Oklahoma City Tornado from a Historical Perspective." *Weather and Forecasting* 17 (2002): 354-361. https://journals.ametsoc.org/waf/article/17/3/354/40162/Deaths -in-the -3-May-1999 -Oklahoma-City-Tornado.

美國每年EF1+的龍捲風數量（1954-2014年）

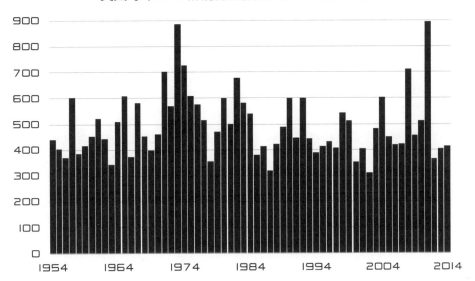

美國每年EF3+的龍捲風數量（1954-2014年）

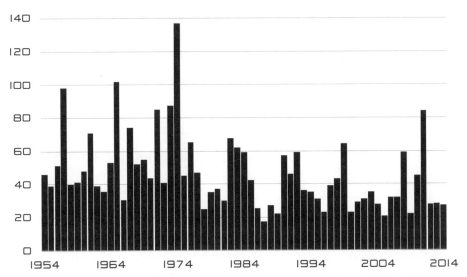

圖6.6 從1954年至2014年，NOAA每年在每國本土四十八州記錄的龍捲風數量。上圖顯示EF1
或更強的龍捲風，而下圖只顯示最強的龍捲風，其強度為EF3或更高。[30]

---

30 NOAA NCEI. "Historical Records and Trends: Ratio of (E) F-0 Tornado Reports to Total Reports."

至於龍捲風在未來可能如何變化，我們對氣候模型以及產生龍捲風因素的討論清楚顯示，龍捲風確實難以預測。然不足為奇的是，媒體忍不住暗示事情會變得更糟糕。例如，《紐約時報》（New York Times）援引一位史丹佛大學氣候科學家的話：

> 我們確實有很大的證據表明，全球暖化可能大幅增加產生劇烈暴風雨的大氣環境，從而創造出更多龍捲風……，只是我們無法區分訊號與雜訊。[31]

IPCC2018年極端事件特別報告中第三章的執行摘要指出：

> 對龍捲風等小規模現象的預測信心不足，因為相互競爭的物理過程可能會影響未來的趨勢，而且氣候模型並未模擬此類現象。

任何對龍捲風特性未來變化的可信預測都必須能夠解釋歷史趨勢，例如最高強度龍捲風數量的下降，據我所知這種研究尚未出現。因此，我們至多能說，若有的話，美國龍捲風在過去七十五年裡隨著全球暖化而變得更加溫和，而且我們沒有可信的方法來預測未來的變化。

不幸的是，類似說法在氣候科學中並不常見。下次當你聽到無論是科學家、氣象預報員還是政治人物，宣稱人類正在使風暴變得更加猛烈、使氣象更糟糕時，請記住這點。

---

[31] Pierre-Louis, Kendra. "As Climate Changes, Scientists Try to Unravel the Effects on Tornadoes." New York Times, August 8, 2018. https://www.nytimes.com/2018/08/08/climate/tornadoes-climate-change.html.

美國的年度龍捲風活動（1955-2013年）

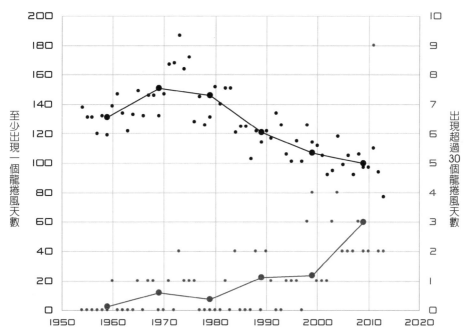

圖6.7　美國本土地區年度龍捲風活動。黑點表示每年至少有一個被評為EF1以上的龍捲風的天
數，較大的黑點和線表示EF1以上龍捲風天數的十年平均數。灰色小點表示每年有超過
三十個被評為EF1以上的龍捲風的天數，相對應較大的灰點和線表示這些龍捲風天數的
十年平均數（轉載自CSSR圖9.3）。

第七章

降水的災難——從洪水到大火

在2009年5月加入歐巴馬政府後，我和妻子搬到華盛頓特區北部馬里蘭州郊區的切維蔡斯（Chevy Chase）。那年宜人的春天，不舒適的夏天，以及愉悅的秋天，都掩沒於首都地區史上最嚴峻的冬天的記憶。當年發生的史上最大的暴風雪，被當地媒體稱為「末日暴雪」（Snowmageddon），在兩天內傾瀉了二十八英寸積雪。有兩次，因無法鏟除前門通道的積雪，我們被困在家裡好幾天，沒有電，沒有暖氣，只能依靠最古老能源：壁爐裡的木材。而聯邦政府也關閉了好幾天。

按照這些時日的慣例，每當發生讓人吃驚的氣象事件時，人們就會用「氣候變遷」來形容氣象事件。一些人斷言，氣候變化顯然發揮了作用，而另一些人——特別是堅定認為任何人類造成氣候變遷的證據都是「騙局」的一部分人，則把「末日暴雪」作為全球終究不會暖化的「證明」。

哥倫比亞大學的心理學研究人員發現，人類對氣候變化的看法是以相當簡單的方式受到氣象的影響。當我們認為氣象比平時暖和時，更有可能擔心氣候暖化，反之亦然——儘管正如在本書中看到的基本事實，氣象和氣候根本不是一回事。[1]兩者之間的關係很複雜，尤其是與降水（precipitation）有關的氣象，也就是雨和雪。例如，儘管似乎有悖常理，但氣溫上升確實會引發更多的雪——譬如，如果溫度上升使北冰洋在冬季不結冰，更多的水就會蒸發到大氣中。

由於氣候是數十年的統計概念，沒有任一單獨的氣象事件可以肯定地歸因於人類影響，但人類的影響當然有可能促成「雪災」，嗯，更多的雪。然而，

---

[1] Li, Ye, Eric J. Johnson, and Lisa Zaval. "Local Warming: Daily Temperature Change Influences Belief in Global Warming." *Psychological Science* 22 (2011). https://journals.sagepub.com/doi/abs/10.1177/0956797611400913.

這樣的說法，就像科學中一貫的做法一樣，最終要經由與數據的對比來判斷真假，即平均氣象的長期變化。

幸運的是，我們可以很容易檢查已開發國家幾乎任何地方的氣象的長期趨勢。圖7.1顯示了華盛頓特區的年度降雪總量。在紀錄涵蓋的一百三十年期間（1889年至2018年），總降雪量的趨勢一直在下降，大約下降了40%。十五年的追蹤平均數顯示了降雪量有所起伏，每年的變化更為劇烈。

那麼，「末日暴雪」到底多不尋常？我們可以從華盛頓特區下雪最多和最少的冬季列表中判斷。[2]2009年至2010年「末日暴雪」的冬季確實是自1888年以來降雪量最多的一年，這在圖7.1中可以看出。但降雪量次高的冬天是1898年至1899年，是在一個多世紀前，而且遠在人類對氣候產生顯著影響之前。降雪量前十五名年分中有七年，大約一半，發生在1950年之後，如果沒有明顯的趨勢，這正是可預期的結果（從1950年至2017年的六十七年大約是一百三十年歷史中的一半）。另一方面，十五個降雪量**最少**的年份中有五年就發生在2000年之後的十八年裡，而如果沒有趨勢，人們會預期次數為（18×15）/130，或者大約為二。如果沒有特殊趨勢，在十八年中，出現超過五個降雪量前十五低的冬季機會不到3%。因此，極端降雪的紀錄與年度總降雪量的趨勢一致──如果有的話，人類的影響使華盛頓的降雪量減少，而不是增加。

當然，十八年的時間幾乎不足以說明任何關於氣候的問題，更不用說氣候的變化。而且華盛頓只是廣闊地球上的一小片區域。為了更好判斷降水相關事件的可能變化──降雪和降雨、乾旱和洪水、野火──我們需要看看在過去一世紀中全球暖化時降水的全貌。乾旱是否變得更嚴重或更少？洪水是越來越頻繁還是越來越少？野火是越來越多還是越來越少？我們將求助於數據來回答這些問題，並看看這些答案對更棘手的問題有何啟示，例如。隨著人類影響的增加，未來會如何演變？

---

[2]　Livingston, Ian, and Jordan Tessler. "Everything You Ever Wanted to Know about Snow in Washington, D.C., Updated." *Washington Post*, February 9, 2018. https://www .washingtonpost.com/news/capital-weather-gang/wp/2018/02/09/everything-you -ever-wanted-to-know-about-snow-in-washington-d-c-updated/.

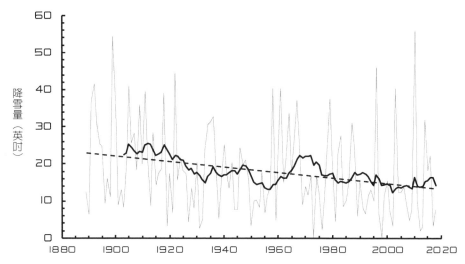

圖7.1　從1889年至2018年，華盛頓特區的年度寒冷季節降雪總量。虛線表示趨勢，實線表示十五年的追蹤平均值。數據點以1月發生的年份為標示。[3]

地球上水的數量基本是固定的。幾乎所有的水（約97%）都在海洋中，其餘的幾乎都在陸地上：冰和雪（尤其是格陵蘭和南極的冰蓋），以及在湖泊、河流及地下水中。但正如在第二章中所看到的，地球上十萬分之一的水停留在大氣層裡，在氣候中起著核心作用——水蒸氣是最重要的溫室氣體，雲層則貢獻了高比率的地球反照率。

太陽的能量使水在這些不同的庫存中流動，形成「水文循環」（hydrological cycle）。循環中最大和最有活力的部分是水從地球表面蒸散入大氣層（其中85%來自海洋的蒸發，15%來自陸地，大部分由植物蒸騰）。這些水在高空平

3　Livingston, Ian. "Snowfall Shows a Sharp Long-Term Decline in the Washington Region, but Some Trends Are Surprising." *Washington Post*, November 29, 2018. https://www.washingtonpost.com/weather/2018/11/29/snowfall-shows-sharp-long-term-decline-washington-region-some-trends-are-surprising/.

均停留十天，然後凝結成雨或雪落回地面（77%落在海洋，23%落在陸地）。

　　降水取決於空氣中水蒸氣的多寡和空氣的溫度。當溫度下降時，水蒸氣會凝結成液體或冰塊，並從空氣中降落。這就是為什麼在寒冷的日子裡，你可以看到你溫暖、濕潤的呼吸凝結。由於這個原因，雖然全球平均年降水量為九百八十公釐（38.6英寸）——也就是說，如果地球上各地每年都有相同的降水量，這大約是所有人都會經歷的降水量；但實際上降水量隨著氣象、季節，以及最重要的，地點的不同而有很大的變化。[4]在全球，赤道附近的降雨量很高（隨著溫暖、潮濕的空氣上升和冷卻，大部分蒸發的水會落回地表），但在乾燥空氣下沉的地方，降雨量很低，形成了赤道兩側的沙漠帶。地球上最乾燥的地方在南美洲，位於智利阿他加馬沙漠（Atacama Desert）北部邊緣的阿里卡（Arica），年均雨量為0.6公釐（0.02英寸）。最潮濕的地方是印度的毛辛拉姆（Mawsynram），年均降雨量為11,871公釐（467英寸）。

　　在其他條件相同的情況下，隨著全球暖化，水文循環預計會增強：也就是說，地表會有更多水蒸發，更溫暖的空氣將能夠攜帶更多的水蒸氣，導致更多的降水。預期降水也會變得「更集中」，乾燥地區變得更乾燥，潮濕地區變得更潮濕，有更多的強降雨。可能導致一些地區的洪水增加，但由於更高的溫度也會增加地表水的蒸發，乾旱也可能增加。關於這些變化的確切方式、地點和時間，模型之間幾乎沒有共識。

　　不幸的是，不僅這些預測無法確定，而且很難獲得和分析測試它們的數據，甚至很難回答「平均降水將如何變化」的基本問題。與溫度異常不同，降水在短時間和短距離上會有很大的變化——它可能在某個地方下雨，但在二十英里（甚至二英里）外卻完全乾燥。這是因為如前所述，降水關係到水特性的突然變化：根據溫度和水蒸氣的數量，水要麼凝結並降落，要麼不降落。因此，與溫度不同，沒有簡單的方法整合來自分散氣象站的降水數據，以獲得更全面的資訊。

---

[4]　New, Mark, Martin Todd, Mike Hulme, and Phil Jones. "Precipitation measurements and trends in the twentieth century." *International Journal of Climatology* 21 (2001): 1889-1922. https://rmets.onlinelibrary.wiley.com/doi/pdf/10.1002/joc.680.

　　然而，結合地面觀測站和衛星觀測，可以給我們長期的全球概觀，最準確的是在陸地上，陸地的氣象站最多。圖7.2顯示，自1901年以來，陸地上的全球降水異常（與平均水準的偏差）以每十年0.2%的平均速度增長。但這並不是非常有力的證明，因為降水的變化性很高，數據稀少且變化很小；事實上，正如你所見，穩定的趨勢是對數據的糟糕描述。正如2013年IPCC的第五次評估報告（AR5）指出：

> 自1901年以來，全球陸地地區的平均降水變化在1951年之前的信心度低，之後則是**中等**。以北半球中緯度陸地地區的平均值計算，自1901年以來，降水有所增加（1951年之前為**中等信心**，之後的**高信心度**）。對於其他緯度地區的平均長期正負趨勢，**信心度低**。[5]

全球陸地降水異常（1901-2015年）

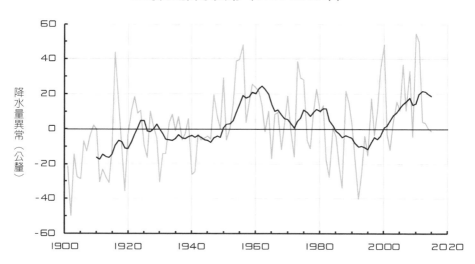

圖7.2　1901年至2015年的陸地降水異常。灰色線條顯示年降水值，而黑色線條是十年追蹤平均值。陸地的年平均降水量為八百一十八公釐。[6]

---

[5]　IPCC. AR5 WGI, Section B.1 of Summary for Policymakers.

[6]　United States Environmental Protection Agency (EPA). "Climate Change Indicators: U.S. and Global Precipitation." December 17, 2016. https://www.epa.gov/climate-indicators/climate -change

　　上段文字明確指出，有很好的證據表明，包括美國、歐洲和溫帶亞洲在內的北半球部分陸地降水有區域性增加，尤其是自1951年以來，但更全面的全球模式根本不存在。2018年發表的一篇論文分析超過三十三年高品質衛星觀測，覆蓋了南、北緯60度之間的全球區域（除極地以外的所有地區），強化了最後結論：

> 全球降水量似乎沒有因現在公認的全球溫度上升而有任何可察覺的重大增加趨勢。雖然有區域性的趨勢，但沒有證據顯示全球暖化導致全球降水的增加。[7]

　　這與全球暖化將加速水文循環——更多的雨水，更多的洪水——的說法不一致。不過，要確定這一點，我們需要涵蓋極地地區和超過三十三年的數據。[8]

　　但那些地區性的降水增長呢？自20世紀初以來，美國的年降水量每十年增加0.6%，如圖7.3所示（美國年平均降水量為七百六十七公釐或30.21英寸）。不過你可以看到，所謂趨勢也不能真正描述這些數據：與每年的劇烈波動相比，總體變化很小。

　　更重要的是，正如2017年CSSR指出，全國各地的降水變化存在明顯的區域和季節性差異。[9]自1901年以來，東北部、中西部和大平原出現了增長，而西南部和東南部的部分地區則出現了下降。換句話說，美國的降水總體上確實有一些上升，但在年份和地點上的變化比趨勢本身要大得多，這使我們很難對人類影響和自然變化的相對作用得出任何可靠的結論。

-indicators -us-and -global-precipitation.

[7] Nguyen, Phu, Andrea Thorstensen, Soroosh Sorooshian, Kuolin Hsu, Amir Aghakouchak, Hamed Ashouri, Hoang Tran, and Dan Braithwaite. "Global Precipitation Trends Across Spatial Scales Using Satellite Observations." *Bulletin of the American Meteorological Society* 99 (2018): 689-697. https://journals.ametsoc.org/bams/article/99/4/689/70305/Global-Precipitation-Trends-across-Spatial-Scales.

[8] Huntington, Thomas G. "Climate Warming-Induced Intensification of the Hydrologic Cycle: An Assessment of the Published Record and Potential Impacts on Agriculture." *Advances in Agronomy* 109 (2010): 1-53. https://www.sciencedirect.com/science/article/pii/B9780123850409000013.

[9] USGCRP. *Climate Science Special Report: Fourth National Climate Assessment, Volume I*: "Chapter 7: Precipitation Change in the United States." https://science2017.globalchange.gov/chapter/7/.

美國本土四十八州的降水異常（1901-2015年）

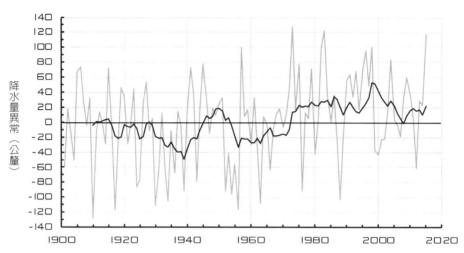

圖7.3　1901年至2015年美國本土地區的降水異常。灰色線條顯示的是年降水值，而黑色線條是十年的追蹤平均值。平均年降水量為七百六十七公釐。[10]

　　美國降水**發生**可察覺的變化是，在過去的四十年裡，強降水事件變得更多——如圖7.4所示，有更多的強降水事件，或占年度總降水比率過大的事件。東北和上中西部的增幅最大，而西部的增幅則小得多。AR5指出，類似的情況在全球也存在，但規模較小。

> ……自1951年以來，可能有更多地區的強降水事件在統計上明顯增加（例如，超過第95百分位數），而不是在統計上明顯減少，但在趨勢上存在著強烈的區域和次區域差異。[11]

　　降水對氣候系統另一特別重要的層面是覆雪（snow cover），覆雪增強了地面的反照率。覆雪最明顯取決於降雪，但也取決於溫度。地球上幾乎所有（98%）的覆雪都在北半球的陸地上。覆雪面積顯示出季節性週期——冬季

---

[10]　EPA. "Climate Change Indicators: U.S. and Global Precipitation."

[11]　IPCC AR5 WGI Section 2.6.2.1.

高，夏季低。CSSR第七章中一項關鍵發現是：

> 北半球的春雪覆蓋範圍、北美最大雪深、美國西部的雪水當量（snow water equivalent）以及美國南部和西部的極端降雪年份均有所下降，而美國北部部分地區的極端降雪年份則有所增加（**中等信心**）。

美國本土四十八州的強降水事件（1910-2015年）

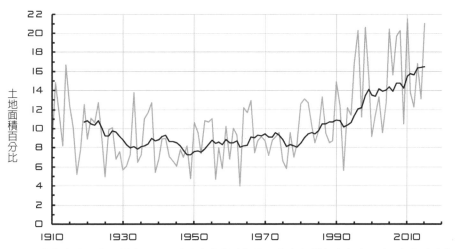

圖7.4　美國本土四十八州中，單日強降水事件遠超過正常比率所占的土地面積。灰色的線代表個別年份，而黑色的線是十年的追蹤平均值。[12]

　　自1967年以來，對北半球積雪的衛星觀測一直在進行，圖7.5顯示了四十年來的數據。事實上，正如CSSR所指出，春季（以及在某種程度上的夏季）的覆雪明顯下降，這在全球暖化的情況下是可以預期的，特別是在第五章中討論的低溫升高的情況下，而秋季和冬季的覆雪持續溫和增加。

---

[12]　EPA. "Climate Change Indicators: U.S. and Global Precipitation."

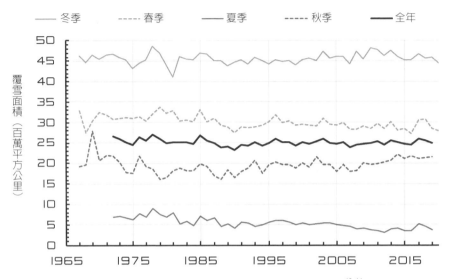

圖7.5　根據衛星觀測1967年至2020年北半球陸地的季節性覆雪面積。[13] [14]

　　這些截然不同的季節性趨勢結合在一起，產生了更多逐漸變化的年雪量，如圖7.6中更詳細地顯示。在1989年前後相對穩定的數值之間，出現約八十萬平方公里明顯的下降（占年平均二千五百萬平方公里的3%）。覆雪面積減少再次與全球暖化一致，儘管另一個因素可能是雪上的灰塵和煙塵，它們吸收更多陽光加速覆雪融化。然而，直線趨勢並不能真正描述這些數據，因為自1990年以來的三十年中，即使全球暖化了0.5℃（0.9℉），覆雪的十年平均數沒有變化。我很意外在CSSR的關鍵發現中沒有看到這一點（或事實上，在報告其他任何地方都沒有）。

[13]　Estilow, T. W., A. H. Young, and D. A. Robinson. "A Long-Term Northern Hemisphere Snow Cover Extent Data Record for Climate Studies and Monitoring." *Earth System Science Data* 7 (2015): 137-142. https://essd.copernicus.org/articles/7/137/2015/essd-7-137-2015.html.

[14]　National Snow and Ice Data Center. "SOTC: Northern Hemisphere Snow." November 1, 2019. https://nsidc.org/cryosphere/sotc/snow extent.html.

北半球覆雪異常（1967-2020年）

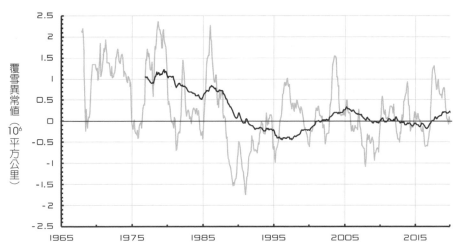

圖7.6　1967年至2020年北半球覆雪面積異常情況。灰色尖線表示月度值的十二個月追蹤平均值，而黑色曲線是十年追蹤平均值。異常值是相對於1981年至2010年的基線而言。[15]

　　當然，與降水有關的極端情況——洪水和乾旱——才是新聞中的「氣候」。在過去的一世紀中，美國降水的適度變化並沒有改變洪水的平均發生率。然而，洪水的趨勢在全國內各有不同，有些地方出現了增長，有些地方出現了下降，如圖7.7所示，該圖顯示了河流和溪流中洪水事件規模的具體地點變化。

　　至於全球洪水的變化，AR5表示：「對全球洪水規模和／或頻率的趨勢信號**信心不足。**」換句話說，我們不知道全球的洪水是在增加、減少，還是根本就沒有變化。報告在第5.5節的結論中提供了長期視角的觀察：

　　　　總之，有高度的信心，在過去的五百年裡，歐洲北部和中部、地中海西
　　　　部地區和亞洲東部發生過比20世紀以來的紀錄更大的洪水。然而，在近

15　Data from NOAA. "Sea Ice and Snow Cover Extent." NOAA National Centers for Environmental Information, December 8, 2020. https://www.ncdc.noaa.gov/snow-and -ice/extent/snow-cover/ nhland/0.

東、印度、北美中部，現代大洪水的規模和／或頻率，與歷史上洪水規模相當或更大，這點具**中等信心**。

　　乾旱甚至比洪水更難評估，因為乾旱不只是降水的結果（或者說是缺乏降水）。相對地，乾旱涉及溫度、降水、地表徑流和土壤濕度的某種組合。人類活動，如抽取地下水灌溉或1930年代沙塵暴期間美國大平原的過度耕種，也會引起一定作用。

美國河流洪水規模變化（1965-2015年）

▼	▽	△	▲
顯著減少	減少不顯著	增加不顯著	顯著增加

圖7.7　1965年至2015年間，美國河流、溪流中洪水事件的規模變化。向上符號表示洪水變強的地方；向下的符號表示洪水變弱的地區。較大實心符號代表變化具有統計意義的觀測站。[16]

---

[16]　EPA. "Climate Change Indicators: River Flooding." December 17, 2016. https://www.epa.gov/climate-indicators/climate -change -indicators-river-flooding.

　　常見的乾旱測量方法是帕默爾乾旱程度指數（Palmer Drought Severity Index,
PDSI），它以結合現成的溫度和降水數據來估計乾燥程度。[17]一個地區的PDSI
範圍可以從-10（非常乾燥）到+10（非常潮濕），但絕大多數都落在-4到+4之
間。雖然遠非完美，但PDSI在量化長期乾旱方面相當成功。

　　圖7.8顯示了1895年至2015年PDSI的年度值，是美國本土四十八個州的平均
值。雖然在此期間全國有短暫的區域變化，而且過去五十年比平均水準略微潮
濕，但很難看出有什麼長期變化。AR5對全球的情況的調查也差不多，表示（肯
定讓許多人意外）「對20世紀中期以來全球乾旱或乾燥的趨勢**信心不足。**」

美國本土四十八州的平均乾旱狀況（1895-2015年）

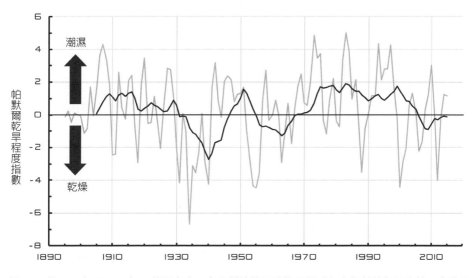

圖7.8　從1895年至2015年，美國本土四十八州的帕爾默乾旱嚴重程度指數的年平均值。實線是
　　　　十年的追蹤平均值。[18]

---

[17]　Dai, Aiguo, and National Center for Atmospheric Research Staff. "Palmer Drought Severity Index
　　　(PDSI)." NCAR—Climate Data Guide, December 12, 2019. https://climatedataguide.ucar.edu/
　　　climate-data/palmer-drought-severity-index-pdsi.

[18]　EPA. "Climate Change Indicators: Drought." December 17, 2016. https://www.epa.gov/climate-
　　　indicators/climate -change -indicators-drought.

　　但乾旱對美國境內的地區來說是嚴重的問題，幾千年來一直如此。你可以在圖7.9看到，圖中顯示了美國西南部約一千二百年的乾旱情況。該項紀錄主要來自樹木年輪數據，顯示許多乾旱持續了幾十年。1900年之前的任何乾旱都不可能是因為人類影響，而西元900年至1300年的大乾旱被認為是與當時地球自然暖化有關。[19]

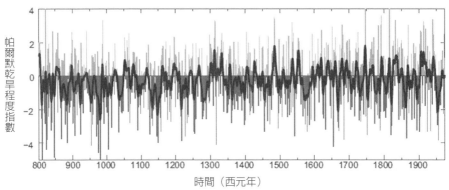

圖7.9　美國西南部的帕爾默乾旱程度指數年度值。粗黑線為九年間隔的平滑處理（AR5 WGI圖5.13）。[20]

　　模型預測，隨著全球暖化，西南地區將變得越來越乾燥，但20世紀的數據完全在歷史範圍內，正如AR5指出，與自然變化相比，目前人類的影響似乎很微弱。[21]2020年發表的一項研究證實了此觀點：在過去千年中，美國多年乾旱的主因之一是大氣的內部變化。[22]

　　2009年國家氣候評估報告明確指出西南地區乾旱的巨大自然變化，其中包

[19]　Cook, Edward R., Connie A. Woodhouse, C. Mark Eakin, David M. Meko, and David W. Stahle. "Long-Term Aridity Changes in the Western United States." *Science*, November 5, 2004. https://science.sciencemag.org/content/306/5698/1015.

[20]　AR5 WGI Figure 5.13. https://www.ipcc.ch/site/assets/uploads/2018/02/Fig5-13.jpg.

[21]　IPCC AR5 Section 12.5.5.8.1.

[22]　Erb, M. P., J. Emile-Geay, G. J. Hakim, N. Steiger, and E. J. Steig. "Atmospheric dynamics drive most interannual U.S. droughts over the last millennium." *Science Advances* 6 (2020). https://advances.sciencemag.org/content/6/32/eaay7268.full.

括一張重建一千二百年多來的科羅拉多河流量圖。[23]隨圖文字指出：「這些數據顯示，歷史上一些乾旱比過去一百年經歷任何乾旱都更為嚴重，且持續時間更長。」2014年，IPCC的AR5在第五章的總結聲明中也同樣直截了當：

> 在許多地區，上個千年的乾旱程度比20世紀初以來觀察到的乾旱規模更大、持續時間更長，這點具高信心度。

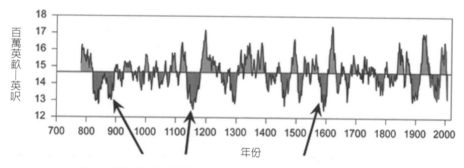

過去一些乾旱比上個世紀的任何乾旱都更為嚴重，且持續時間更長。

圖7.10 科羅拉多河一千二百年的流量，主要由樹木年輪分析重建（圖片來源NCA2009）。[24]（譯註：1英畝—英尺約等於1233.49m³；100萬英畝—英尺約等於1233km³）

　　長期視角使我們很難將近來的乾旱完全歸咎於人類的影響。但奇怪的是，2014年的國家氣候評估報告中完全沒有提到上述內容。隨後的2017年的CSSR沒有提供任何如圖7.9和圖7.10的數字，但它確實有半頁的文字描述了過去千年的乾旱情況。[25]然而，它花了大約兩倍篇幅來討論當時近六年的加州乾旱，而加州州長在CSSR發布的六個月前就已經宣布結束乾旱緊急狀態。[26]從圖7.11可

23　The Climate Assessment for the Southwest (CLIMAS). "Southwest Paleoclimate." Accessed July 8, 2020. https://climas.arizona.edu/sw-climate/southwest -paleoclimate.

24　U.S. Global Change Research Program. "Global Climate Change Impacts in the United States 2009 Report (Legacy Site)." Accessed July 8, 2020. https://nca2009.globalchange.gov/southwest-drought -timeline/index.html.

25　CSSR Section 8.1.1.

26　Associated Press. "California's drought is officially over, Gov. Jerry Brown says." CBS News, April 7,

以看出自1901年以來加州的帕爾默乾旱程度指數，為期六年的乾旱在2014年時形勢最為嚴峻；到2019年則是迎來「潮濕」的冬季。很難認為一份**氣候**評估分析任何短於十年的「**趨勢**」是合理的，就算這麼做使其結論具新聞價值。在更長的時間尺度上，自2000年以來，加州已經步入乾旱；未來幾十年是否會持續乾旱下去還有待觀察。

加州乾旱程度指數

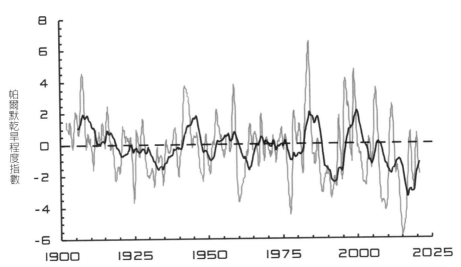

圖7.11　加州1901年1月至2020年10月的帕爾默乾旱程度指數。灰色曲線顯示的是十二個月的月度平均值，而黑色曲線顯示的是五年的追蹤平均值。[27]

────

　　乾旱加劇了野火，野火比任何其他與降水有關的現象占領更多頭條。媒體對世界各地毀滅性火災的報導——最近是發生在巴西、澳洲與加州——直

2017. https://www.cbsnews.com/news/calif-gov -jerry -brown -declares-an-end-to-drought/.

[27]　NOAA National Centers for Environmental Information, Climate at a Glance: Statewide Mapping, published November 2020, retrieved on December 6, 2020, from https://www.ncdc.noaa.gov/cag/statewide/mapping.

指為全球暖化的可怕後果。野火確實可怕：2020年，美國西海岸發生創紀錄大火，摧毀數百萬英畝的土地，焚燒房屋和社區，並有許多人不幸喪生，同時由於空氣品質差，成千上萬的人被困在室內。這些火災催生了大量標題如「西部野火：專家說這是由氣候變遷助長『史無前例』的災難事件」[28]的文章。事實上，氣候變化在野火的頻率、地點和特徵方面確實起著作用。但要瞭解這一作用，以及人類所扮演的角色（以及在未來可能扮演的角色），我們需要比標題更深入地挖掘事實。

先進的衛星感測器在1998年首次開始監測全球野火。出乎意料的是，對影像的分析表明，從1998年至2015年，每年燒毀的面積下降了約25%。[29]這在美國國家航空暨太空總署的圖7.12中很明顯，該圖顯示了從2003年至2015年全球每年被火燒毀的面積，直線表示趨勢。儘管2020年的野火破壞力很強，但2020年是2003年以來全球野火最不活躍的年份之一。[30]

研究人員認為野火活動趨緩是因為人類活動，特別是農業的擴張和集約化。

> 隨著非洲、南美和中亞火災易發地區人口的增加，草原和疏林草原（savannas）更為發展，並轉化為農田。因此，長期以來焚燒草原的習慣（為養牛或其他原因清除灌木和土地）已經減少……。而且，人們更多使用機器來清除農作物，而非用火。[31]

---

[28] Freedman, Andrew. "Western wildfires: An 'unprecedented' climate change fueled event, experts say." *Washington Post*, September 11, 2020. https://www.washingtonpost.com/weather/2020/09/11/western-wildfires-climate-change/.

[29] Andela, N., D. C. Morton, L. Giglio, Y. Chen, G. R. van der Werf, P. S. Kasibhatla, R. S. DeFries, et al. "A Human-Driven Decline in Global Burned Area." *Science*, June 30, 2017. https://science.sciencemag.org/content/356/6345/1356.

[30] Copernicus Atmosphere Monitoring Service. "How Wildfires in the Americas and Tropical Africa in 2020 Compared to Previous Years." European Centre for Medium-Range Weather Forecasts on behalf of the European Commission. Accessed January 19, 2021. https://atmosphere.copernicus.eu/wildfires-americas-and-tropical-africa-2020-compared-previous-years.

[31] Voiland, Adam. "Building a Long-Term Record of Fire." NASA, Earth Observatory. Accessed November 23, 2020. https://earthobservatory.nasa.gov/images/145421/building-a-long-term-record-of-fire.

換句話說，無論近幾十年來氣候的變化對全球野火有什麼影響，與氣候無關的人為因素才是野火活動趨緩的主因。但衛星數據也顯示，美國西部的火災強度和範圍明顯增加。事實上，CSSR第八章的關鍵結論6是：

> 自20世紀80年代初以來，美國西部和阿拉斯加的大型森林火災的發生率已經增加（**高度信心**），並且預計隨著氣候暖化，這些地區的森林火災將進一步增加，並對某些生態系統產生深刻的變化（**中等信心**）。

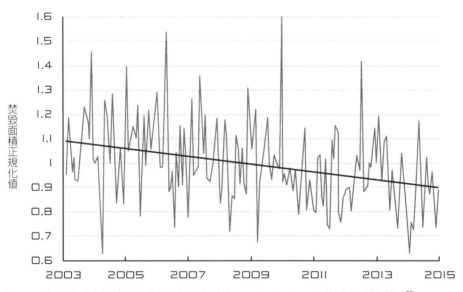

全球焚毀面積（2003-2015年）

圖7.12　每月全球火災焚毀面積的正規化值（Normalized value，灰線）及其趨勢。[32]

在報告的第8.3節中有更多的細節：

> 20世紀的州級火災數據表明，美國西部的焚毀面積從1916年至1940年左

32　Voiland, Adam. "Building a Long-Term Record of Fire." NASA, Earth Observatory. Accessed November 23, 2020. https://earthobservatory .nasa.gov/images/145421/building-a-long-term-record-of-fire.

右有所下降，在20世紀70年代之前一直處於低水準，然後在最近期間有所增加。

氣候變遷肯定在此發揮作用。較少的降雨和較高的溫度使「燃料」更乾燥，更容易點燃，並促成火災的迅速蔓延和加劇。IPCC的2018年SR15報告在其第三章中明確指出這點：

> 有額外的證據表明，1984年至2015年期間，北美森林火災的增加起因於人為氣候變遷，由於增加燃料乾燥度（aridity）的機制，美國西部森林火災面積與沒有氣候變遷的情況下的預期相比幾乎成長了一倍。

為支持這一說法而引用的2016年研究報告比較了二十七個CMIP5模型所模擬，有人類影響和無人類影響氣候中的燃料乾燥度。[33]這些乾燥度的差異會導致不同的火災特性。當然，將火災面積增加全部歸因於人類影響，是假設模型正確地再現內部變化，但實際上並沒有。因為如圖7.9所示，美國西南地區乾旱的長期變化很大。

如圖7.11所示，氣候以外因素即便不是主因，也必然發揮著重要作用，因為火災在20世紀初期有所下降，即使加州的乾旱狀況沒有呈現出任何趨勢。「人類的影響」能以多種形式出現。森林管理（允許積累多少燃料？火災是被撲滅還是允許燃燒？允許在森林內或森林附近進行多少開發？）和人為點火（美國近85%的野地火災都是人為造成）是其中的原因。[34]

雖然我們可能無法完全量化，更無法控制許多與氣候有關的野火影響因素，但我們有很大能力來解決這些人為因素。如果把關於野火的討論僅僅作為

[33] Abatzoglou, John T., and A. Park Williams. "Impact of Anthropogenic Climate Change on Wildfire across Western US Forests." PNAS 113 (2016). https://www.pnas.org/content/pnas/113/42/11770.full.pdf.

[34] National Parks Service. "Wildfire Causes and Evaluations." US Department of the Interior, November 27, 2018. https://www.nps.gov/articles/wildfire-causes-and -evaluation.htm.

「氣候變遷」導致不可避免的災厄，我們就會錯失採取行動更直接遏制這些災難的機會。[35]

———

當然，事態可以（而且肯定會）在未來幾十年發生變化。但它們將如何變化還遠未定案。我們不應該對模型預測未來降水變化抱有太大信心——畢竟，它們來自第四章中討論的模型。而且正如AR5所指出的：

> 自第四次評估報告以來，對大尺度降水模式的模擬有了一定的改進，儘管模型在降水方面的表現仍然不如地表溫度方面的表現。[36]

事實上，情況甚至更糟。報告明確指出，一般來說，CMIP5模型組合「不能作為任何氣候層面的可靠區域概率預測」。[37]換句話說，這些模型在描述區域氣候的變化方面甚至比在描述全球數值變化還要差。

然而，由於乾旱和洪水具有如此巨大的影響，政治人物和其他官員忍不住引用模型結果來預言未來的災難。馬克·卡尼（Mark Carney），前加拿大央行行長和英格蘭銀行（Bank of England）行長，可能是推動全世界投資者和金融機構關注氣候變化和人類影響氣候變化上最為舉足輕重的人物。他學識淵博，擁有牛津大學經濟學博士學位，是傑出的央行家。卡尼現為聯合國的氣候行動和金融特使。也是第二十六屆聯合國氣候變遷大會（COP26）的英國顧問，這是2015年巴黎氣候變遷大會的後續會議，將於2021年11月在蘇格蘭格拉斯哥舉行。因此，密切關注他的言論很重要。

---

[35] Miller, R. K., C. B. Field, and K. J. Mach. "Barriers and enablers for prescribed burns for wildfire management in California." *Nature Sustainability* 3 (2020): 101-109. https://www.nature.com/articles/s41893-019-0451-7; Doerr, Stefan, H. and CristinaSantín. "Global trends in wildfire and its impacts: perceptions versus realities in a changing world." *Philos Trans R Soc Lond B Biol Sci.* 371 (2016): 20150345. https://www.ncbi.nlm.nih.gov/pmc/articles/PMC4874420/.

[36] AR5, Box TS.4 of the WGI Technical Summary.

[37] AR5 WGI, Box 11.2.

在2015年巴黎會議前夕的演講中，卡尼以英格蘭銀行行長的身分發言，闡述了「對氣候變化的保險業回應」的許多層面。[38]極端氣象讓保險公司損失慘重，所以也許難怪他的呼籲包括對洪水的警告：

> 儘管2014年冬天是英格蘭自喬治三世時代以來最潮濕的冬天；然預測顯示，我們可以預期在未來的冬天，降雨量至少會進一步增加10%。

為了支持這項主張，他引用了英國氣象局的「氣候觀測、預測和影響研究」（research into climate observations, projections, and impacts）。這是對未來五年的模型預測，所以你可能預期會比試圖預測五十年後氣候的模型更為準確。讓我們看看數據。

圖7.13顯示了英格蘭和威爾斯自1766年至2020年的冬季降水量（12月到2月），這是現存的最久遠的長期氣象量測之一。從1780年至1870年，以及從1920年到現在的幾十年間，平均降水量看起來相當穩定。在這中間的五十年間發生了轉變，當時人類對全球氣候的影響可以忽略不計。

卡尼是正確的，2014年是破紀錄的潮濕冬天（455.5公釐，或17.9英寸），而且確實是「喬治國王時代以來最潮濕的冬季」，因為喬治三世統治到1820年。但卡尼在2014年引用的氣象局模型被證明是完全錯誤的。2014年之後六個冬季的降雨量與上個世紀的情況完全一致，平均為二百七十八公釐，比2014年的紀錄**少了39%**，遠未達到預測的增長所暗示的「至少」五百公釐。而氣象局在2018年發表的一份分析報告發現，英國冬季極端降雨量的最大變化來源是北大西洋振盪模式的自然變化，而非氣候變化。[39]

---

[38] Carney, Mark. "Mark Carney: Breaking the Tragedy of the Horizon—Climate Change and Financial Stability." bis.org, September 29, 2015. https://www.bis.org/review/r151009a .pdf.

[39] Brown, Simon J. "The drivers of variability in UK extreme rainfall." *International Journal Of Climatology* 38 (2018): e119-e130. https://rmets.onlinelibrary.wiley.com/doi/pdf/10.1002/joc.5356.

英格蘭和威爾斯冬季降雨量（1767-2020年）

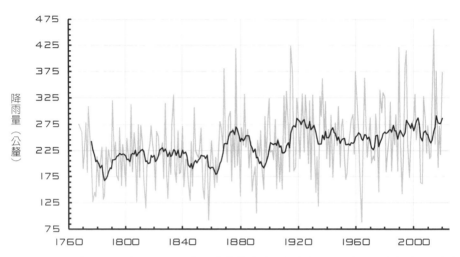

圖7.13　1767年至2020年12月至2月期間英格蘭和威爾斯的降雨量。尖突的灰色線條是每年數值，而深色線條是十年的追蹤平均值。[40]

　　當然，卡尼能以在他的演說中假設語氣的「預測表明」和「未來的冬天」這種不確定的保守說法來開脫。然而讓人意外的是，一位擁有經濟學博士頭銜並對金融市場和整個經濟體系不可預測性有老道經驗的人，沒有對預測的風險表現出更大的尊重，以及在依賴模型時更加謹慎。

———

　　水災、乾旱和火災帶來了巨大的悲劇和傷痛，災難後果可能是毀滅性的。隨著世界經由通訊變得越來越緊密，當這些事件發生時，我們越來越知曉。但這並不能使災難成為氣候變遷的「進一步證明」。最後，數據告訴我們，無論是在全球還是在美國，降水的變化並不大。而不確定的模型顯示，人類對預測降水的長期挫折感不會很快消失。

40　Met Office Hadley Centre (National Meterological Service for the UK). https://www.metoffice.gov.uk/hadobs/hadukp/data/seasonal/HadEWP_ssn.dat.

第八章

海平面上升恐慌

2013年《國家地理》（*National Geographic*）雜誌9月號的封面上出現了一張引人注目半淹沒的自由女神像圖片，宣傳其封面故事。「海平面上升如何改變我們的海岸線。」任何好奇的讀者都可以查閱曼哈頓南端砲臺公園（距離雕像不到兩英里）的潮汐測量紀錄，並看到自1855年以來，當地海平面以平均每世紀約三十公分（一英尺）的速度上升。[1]按照這個速度，海水需要超過兩萬年才能升高到能威脅可憐自由女神的高度（現存最古老的人類建築還不到六千年）。但是，除了證明那些設計雜誌封面的人知道如何以像片軟體，以及藝術授權條款來吸引我們的目光外，這張封面還指出了一件事實：人們非常關注海平面上升。

他們應該關心嗎？海平面是否因全球暖化而變化？而人類的未來是否因此而受到威脅，即使我們的國家象徵自由女神在未來千代人的時間內安全無虞？

與降水相同，海平面與水的位置相關。在僅次於海洋，地球上最大的水儲存庫在格陵蘭島和南極洲的冰層中。雖然許多因素促成了我們幾十年來觀察到海平面的微小變化，但它在地質時間（geological time）的變化主要取決於陸地上有多少冰。

地球軌道變化和以萬年計的地軸傾斜的緩慢週期，改變了北半球和南半球吸收的陽光量。正如在第一章中所見，這些變化在過去數百萬年中造成了全球溫度的巨大波動。也導致覆蓋各大陸的冰層增長或融化〔時間間隔的學術名稱為「冰川期」（glaciations）和「間冰期」（interglacials）〕，使海洋中的水減

---

[1]　NOAA. "Relative Sea Level Trend 8518750 The Battery, New York." NOAA Tides & Currents, January 1, 2020. https://tidesandcurrents.noaa.gov/sltrends/sltrends_station.shtml.

少或增加，因此導致海平面相應地下降或上升。圖8.1顯示了對全球海平面的地質學估計，可以追溯到四十多萬年以前。

相對海平面高度

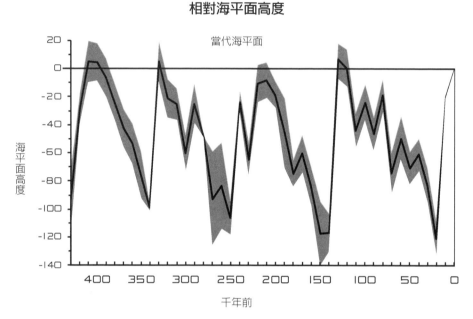

圖8.1　根據地質代用數據估計過去四十萬年的全球海平面高度。這些估計的不確定性通常為十公尺。[2]

正如你所見，過去五十萬年呈現了重複發生的循環，因大陸規模的冰川出現，海平面每十萬年緩慢下降約一百二十公尺（四百英尺），但隨著冰川的再次融化，海平面在大約二萬年內迅速回升。在十二萬五千年前的最新間冰期（低冰期），即所謂的「伊緬期」（Eemian），海平面比今日高約六公尺（二十英尺）。

末次冰盛期（The Last Glacial Maximum）大約發生在二萬二千年前，當時

2　Bianchi, Carlo Nike, et al. "Mediterranean Sea biodiversity between the legacy from the past and a future of change" in *Life in the Mediterranean Sea: A Look at Habitat Changes*. Ed. Noga Stambler. New York: Nova Science Publishers, 2011. http://dueproject.org/en/wp-content/uploads/2019/01/8.pdf

大陸的冰川再次開始融化。今天的地球正處於全新世（Holocene）間冰期，地質學家認為大約在一萬兩千年前開始。根據地質紀錄，自末次冰盛期高峰值以來，海平面上升了約一百二十公尺（四百英尺），每十年快速上升一百二十公釐（五英寸），直到約七千年前上升速度急遽放緩；如圖8.2所示。

自末次冰盛期高峰值以來的全球海平面高度

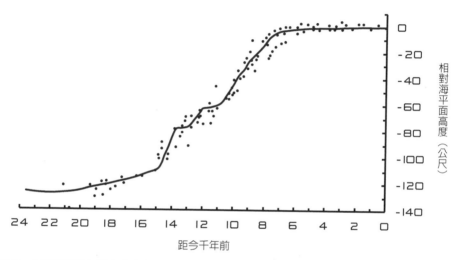

圖8.2　自兩萬兩千年前末次冰盛期高峰值以來，對海平面變化的地質估計。實心曲線是全球各個地點估計值的平均值，由各個代表點表示。[3]

　　因此問題不在於海平面是否在上升，在過去的兩萬年裡海平面一直在上升。反之，我們想知道的是人類的影響是否加速海平面上升。由於人類的影響在1950年後急遽增加，評估海平面是否比沒有人類影響的情況下上升得更快，最好方式是將自那時以來的測量結果與更遙遠過去的測量結果進行比較。較短的時間尺度代表較小的上升量，所以我們需要比我們所依賴地質學評估更精確的方式來瞭解整體狀況。幸運的是，從18世紀開始，歐洲和北美港口的驗潮儀

[3]　Adapted from Rohde, Robert A. Global Warming Art Project. "Post-Glacial Sea Level Rise." Wikimedia Commons, October 9, 2020. https://commons.wikimedia.org/wiki/File:Post-Glacial_Sea_Level.png.

（tide gauge）就有了一些海平面紀錄。現在我們有來自全球兩千多個驗潮儀的測量結果。自1992年開始，還有來自使用雷達測量海洋表面高度的衛星觀測。

為了探討海洋中的水位，氣候科學家引入了全球平均海平面（Global Mean Sea Level, GMSL）的概念，這是由整體地球測量中推斷出來；儘管「水往低處流」，但考慮到所需的幾分之一公釐的精確度，其中還是存在著重要的變化——今天全球平均海平面每年僅以幾公釐的速度上升。海面高度受各地地心引力的微小差異、洋流（試想浴缸排水口周圍漩渦中較低的水位）、海洋的溫度／鹽度，甚至受氣象的氣壓影響。

你可以想像，要弄清楚過去一個多世紀的全球海平面並不容易，但即使用驗潮儀測量某段沿海地區的平均海平面也不是那麼簡單。你需要把每幾秒鐘的海浪、每六小時的潮汐以及不同季節的變化平均化。隨著時間推移，由於自然或人為造成的地下水位的變化，海岸的局部下沉（沉降）會影響到測量儀的標高，正如地震和一般構造運動會產生的影響一樣。例如，在過去的一個世紀裡，休斯頓－加爾維斯敦（Houston-Galveston）地區的地下水抽取導致地面沉陷，使當地地表降低了三公尺（十英尺）之多。當然，還有由儀器或觀測方法變化引起的所有常見問題。但無論好壞，驗潮儀的數據是我們僅有的，我們還可由美國國家海洋暨大氣總署取得一些長期精確的紀錄。[4]

確定全球平均海平面需要對來自許多不同沿海地區的驗潮儀數據進行複雜的分析，因為與全球海洋並非一樣水平，海平面的上升速度在不同地方也不相同。例如，由於各地的不同條件，美國沿海地區海平面上升速度有很大的不同，墨西哥灣地區的尤金島（Eugene Island）每年上升9.65公釐（0.38英寸），而在阿拉斯加的史凱威（Skagway），海平面以每年17.91公釐（0.71英寸）的速度**下降**。

至少有四個獨立小組分析了驗潮儀數據，以確定一百多年來的全球平均海平面高度。圖8.3為其中一項分析的結果。圖中顯示，全球平均海平面遠在人類對氣候產生重大影響之前的19世紀末就開始上升了，自1880年以來上升了約

4   NOAA. "Sea Level Trends." NOAA Tides & Currents, January 1, 2020. https://tidesandcurrents.noaa.gov/sltrends/sltrends.html.

二百五十公釐（十英寸），平均每年上升1.8公釐（0.07英寸）。較短時期內的平均上升速度有所波動；在過去的三十年裡，每年約以三公釐（0.12英寸）速度上升。在地球水文循環的背景下，這都是小數字，海平面每年上升三公釐大約是地球年降水量的0.3%，所以十年間有所變化也就不足為奇。

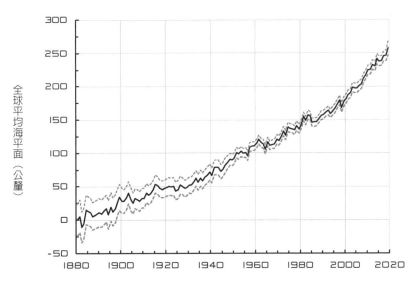

全球平均海平面（1880-2019年）

圖8.3 根據驗潮儀數據估計的全球平均海平面相對於1880年的變化。實心曲線表示平均值，虛線表示不確定性。[5]

　　如前所述，自1992年底以來全球海平面也可由衛星測量。[6]在衛星測高中，衛星用雷達測量本身在廣闊海洋上的高度，如果衛星的位置準確，那麼海面的高度就可以確定。今天，雷達測高法基本上連續覆蓋全球的開闊海域，補充了潮汐測量儀的沿海測量。

5　CSIRO. "Historical Sea Level Changes—Last Few Hundred Years." CSIRO National Collections and Marine Infrastructure (NCMI) Information and Data Centre, October 12, 2020. https://www.cmar.csiro.au/sealevel/sl_hist_few_hundred.html.

6　AVISO+. "Sea Surface Height Products." CNES AVISO+ Satellite Altimetry Data. Accessed December 1, 2020. https://www.aviso.altimetry.fr/en/home.html.

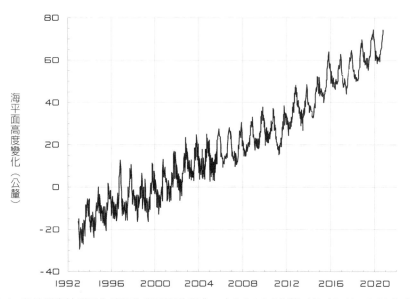

全球平均海平面（1993-2020年）

圖8.4　衛星測高計測量全球平均海平面的變化。在3.0±0.4公釐／年（0.12±0.02英寸／年）
的趨勢上有大約七公釐（0.2英寸）的季節性週期。[7]

　　四個獨立的小組已經分析了到十一個衛星測高計的數據。從距離地表六百
公里（三百七十英里）的衛星上測量海洋平均高度精準至幾分之一公釐，並且
幾十年來如常運作，這是相當了不起的成就。經過幾年的改進，並對衛星軌道
漂移等問題的修正，顯現了來自NOAA小組，圖8.4的結果。

　　根據這一系列衛星二十七年的測量，全球平均海平面顯示出，在每年
3.0±0.4公釐（0.12±0.02英寸）的平均上升率上，有明顯的季節性週期（起伏
約七公釐或0.2英寸）起伏。

　　因此在過去三十年間，海平面每年上升約三公釐（0.12英寸）——高於
1880年以來的整體平均速度（每年1.8公釐或0.07英寸）。為了判斷海平面上升

7　NOAA, NESDIS, STAR. "Laboratory for Satellite Altimetry/Sea Level Rise—Global sea level time
series." Accessed December 1, 2020. https://www.star.nesdis.noaa.gov/socd/lsa/SeaLevelRise/LSA_
SLR_timeseries_global.php.

的速度在人類持續增長的影響下是如何增加的，IPCC的AR5提出了一張圖（轉載為圖8.5），顯示了來自三個不同的驗潮儀分析連續十八年的趨勢（上升率）及其不確定性，以及當時可用的十八年衛星數據趨勢（每一年的繪圖點是隨後十八年的趨勢；因此，1994年繪製的衛星數據的單點反映了1994年至2011年期間的平均值）。

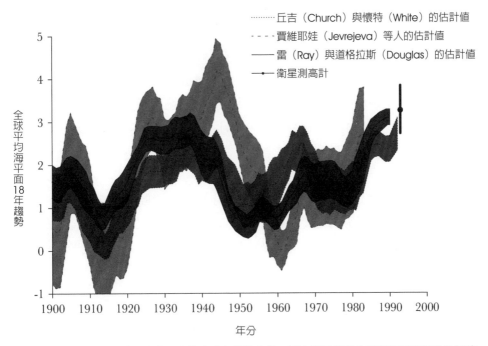

圖8.5　1900年以來全球平均海平面的十八年領先趨勢。圖中顯示了來自三個不同驗潮儀分析的估計值，以及來自衛星測高計的數值。不確定性是90%的信賴區間；也就是說，真正的數值只有10%的可能性落在陰影區域之外[8]（AR5 WGI 圖 3.14）。

　　雖然最近幾十年的上升率確實高於20世紀的平均速率，但必須結合過去幾十年的巨大變化來看待，這一點即使瞥一眼圖8.5也能明白。正如IPCC所說：

---

[8]　IPCC. AR5 WGI Figure 3.14.

在1901年至2010年期間，全球平均海平面上升的平均速率極可能為1.7（1.5至1.9）公釐／年……，在1993年至2010年期間為3.2（2.8至3.6）公釐／年。在1920年至1950年期間，很可能出現類似的高上升率。

事實上，1925年至1940年期間的上升率——差不多與2011年可獲得十八年衛星紀錄時期一樣長——幾乎與最近的衛星分析值相同，每年約三公釐（0.12英寸）。

由於速度變化如此之大，所以很難確定最近幾年哪些是人為造成，哪些是自然因素造成的。雖然IPCC的2019年《氣候變遷中的海洋和冰凍圈特別報告》（Special Report on the Oceans and Cryosphere in a Changing Climate, SROCC）表示對1993年至2015年的衛星數據顯示上升加速具高度信心（也就是說，上升的速度在增加），但由於紀錄時間短，而且在人類影響顯著之前就出現了類似加速，影響程度並無法確定。AR5是這樣說的：

很明顯，從19世紀早期到中期的某時間點起，北歐四個最古老的紀錄中，海平面上升的速度明顯增加。結果相當一致，表示海平面上升明顯的加速是在19世紀早期到中期開始的，儘管有些人認為可能是在1700年代末就開始。[9]

當2017年8月發布CSSR的草稿時，我和許多其他獨立科學家一樣仔細閱讀，並立即發現了各種問題和錯誤陳述——其中部分已經在前面的章節中討論過了。我考慮直接向報告的作者提出其中一些問題。但我也想提出更全面的觀點，我已經很清楚：無論氣候本身是否被破壞，評估報告的過程顯然是有問題的。我決定發表一篇專欄文章，指出CSSR中更令人震驚的錯誤說明，以突顯需要更嚴格的審查的例子。在CSSR於2017年11月正式發布後，我就這麼做

---

[9] IPCC. AR5 WGI Section 3.7.4.

了，我選擇的案例是海平面上升。[10]

　　雖然過去一世紀海平面上升速度的逐年變化是解開人類影響和自然影響的核心，但最近的評估報告（CSSR和IPCC的2019年SROCC）幾乎全無提及。[11]沒有如圖8.5那樣很容易看到速度如何變化的圖表，速度變化在幾十年間有時會劇烈變動。反之，報告中充滿了海平面上升本身的圖表，如圖8.3和圖8.4，從中幾乎無法判斷海平面上升速度的變化和重要性。

　　所有的評估報告都有大量的強調文字，過去二十年海平面上升的速度高於20世紀的平均水準。例如，CSSR在其決策者摘要的第16頁提供如下內容：

　　　自1900年以來，全球平均海平面（GMSL）上升了約七至八英寸（約十

　　　六至二十一公分），其中約三英寸（約七公分）是自1993年以來發生的

　　　（極高信心）。

　　這句話對我來說是個警訊，因為它把過去二十年海平面上升與一個多世紀的上升進行比較。自20世紀初以來，七英寸的上升中有三英寸發生在過去的二十五年裡，這的確令人震驚——但如果你知道在1935年至1960年的二十五年裡，海平面也幾乎上升了同樣高度（六公分，而不是七公分），就會立即不再感道驚訝。CSSR完全沒有提到這一點，儘管其關於海平面上升的主要參考文獻敘述了圖8.5中的變化。[12]最近二十五年的上升率應該與其他二十五年的上升率互相比較，才能瞭解近年的上升率差異有多大。

　　當我在2014年《華爾街日報》專欄文章中提出這觀點時，遭受到猛烈的批評。其一如下：

---

[10] Koonin, Steven E. "A Deceptive New Report on Climate." *Wall Street Journal*, November 2, 2017. https://www.wsj.com/articles/a-deceptive-new-report-on-climate-1509660882.

[11] IPCC. "Special Report on the Ocean and Cryosphere in a Changing Climate." https://www.ipcc.ch/srocc/.

[12] Hay, Carling C., Eric Morrow, Robert E. Kopp, and Jerry X. Mitrovica. "Probabilistic Reanalysis of Twentieth-Century Sea-Level Rise." *Nature* 517 (2015): 481-484. https://www.nature.com/articles/nature14093.

他（庫寧）聲稱，現在的海平面上升速度並不比20世紀初快，但這是只有以最無恥的挑選數據方式才能得出的結論。實際上，根據數據，從1870年至1924年，海平面趨勢是每年上升0.8公釐，從1925年至1992年每年上升1.9公釐，從1993年至2014年每年上升3.2公釐，也就是說，自前工業化時代以來，海平面上升率實際上提高了四倍。[13]

請注意他所引用的時間間隔是五十四年（1870-1924）和六十七年（1925-1992），而最近的間隔（1993-2014）是二十一年。這就不實地掩蓋了1925年至1945年這二十年間較高的上升率，這在圖8.5中可以看得很清楚。這如同拿橘子與蘋果比較，我不是刻意挑剔，而是要拿蘋果與蘋果相比。而且無論如何，我只是引用了IPCC自己說的內容。

另一方面，CSSR與一些知名氣候科學家一樣，隱藏過去一世紀海平面上升速度的巨大波動，大概是因為這使過去三十年看起來沒那麼特別。該報告因疏忽而產生誤導，既沒有提到20世紀海平面每十年上升的劇烈變化，也沒有提到當時最近的速率在統計學上與20世紀上半葉的速率沒有區別。

在發表專欄文章指出問題之前，我向伊利諾大學的唐‧伍伯斯（Don Wuebbles，CSSR的資深主要作者）和羅格斯大學的羅伯特‧寇普（Robert Kopp，CSSR海平面上升章節的主要作者）發送關於這一課題的更多技術討論。兩人都認為我的批評有道理；寇普在2017年10月15日寄給我的電子郵件中的部分內容寫道：

> 我認為關於年代間變化的觀點是有用的概念，如果是在草稿公眾審查期間提出，我相信將會被考量在內。

寇普和伍伯斯都說我是首位提出此觀點的人，這很奇怪，因為這個問題

---

[13] Pierrehumbert, Raymond T. "Climate Science Is Settled *Enough*." *Slate*.

很簡單，而且很多人已經看過草稿。兩人還說，他們本想增加對20世紀海平面上升變化的討論，但那時已經太晚（草稿正在進行最後的編輯），而且報告篇幅已經過長（篇幅是另一個讓人訝異的問題，因為報告很長，而解決此問題需要的篇幅並不多）。伍伯斯還說他會考慮在NCA2018的第二部分中加入內容，以彌補這一疏漏；而我卻無法在他說的版本中找到任何這樣的內容。

———————

　　明確地說，海平面確實隨著全球暖化而上升。當地球表面溫度上升時，陸地上的冰就會融化，而當海洋變暖時，海洋中的水就會膨脹。海平面按季節上升和下降，在較長的時期內，對以前述的地球軌跡週期循環升降，並對其他自然或人類的影響做出反應。雖然過去一世紀的上升率有很大的起伏，但全球暖化確實使更多的水進入海洋。那麼，未來海平面上升的情況將如何？答案在很大程度上取決於隨著氣溫的升高，陸地上有多少冰融化，以及海洋暖化的熱膨脹。

　　對海平面上升速度在上世紀產生變化原因的灼見，來自最近一篇成功平衡海平面上升「收支」的論文。[14]科學家們近年來致力於平衡海平面收支，也就是說，將觀察到的海平面上升值與已知引發海平面上升的各種因素相對比。這項新工作統計了自1900年以來所有觀測到陸地冰（格陵蘭島、南極洲和山地冰川）以及儲存在陸地上含水層和水壩儲水的變化，並將之與海洋熱膨脹的估計值相結合。然後，該論文將這些結果與驗潮儀和衛星測量的海平面變化進行比較。

　　結果顯示在圖8.6中。上圖顯示了山地冰川、陸地儲水、格陵蘭島和南極洲冰蓋分別對全球海平面變化的影響。考量到自1900年以來全球暖化，圖中有幾個意外結果：自1900年以來，冰川融化的貢獻略有下降，現在與五

---

[14] Frederikse, Thomas, Felix Landerer, Lambert Caron, Surendra Adhikari, David Parkes, Vincent W. Humphrey, Sönke Dangendorf, et al. "The causes of sea-level rise since 1900." *Nature* 584（2020）: 393-397. https://www.nature.com/articles/s41586-020-2591-3.

十年前相同；格陵蘭島的影響在1985年左右經歷了最低點，現在則不比1935年高；在20世紀70年代的大壩建設熱潮中，陸地儲水的變化是重要（負）貢獻。

　　因此未來全球海平面升降是不確定的，不僅因為第四章討論到所有全球溫度上升模型的不確定性，且因為格陵蘭和南極冰蓋的動態相當難以預料。IPCC總結了這情況〔SMB是表面質量平衡（Surface Mass Balance），測量由大氣過程造成冰的淨變化〕。

> ……對於1970年以前時期，氣候模型和觀測結果之間的重大差異來自於氣候模型無法重現格陵蘭島南端周圍的冰川，和格陵蘭冰原SMB一些觀察到的區域變化。目前還不清楚氣候模型的偏差是因為氣候系統的內部變化還是氣候模型的缺陷。因此人們對氣候模型模擬過去和未來的冰川質量損失，以及格陵蘭島SMB變化的能力仍只有中等信心。[15]

　　然而，該報告提供了在第三章討論中各種排放情境下的全球平均海平面上升預測。在RCP2.6（最低的排放方案，全球碳排放在本世紀下半葉消失）下，IPCC預測海平面將上升0.43公尺（有三分之二的可能性落在0.29公尺至0.59公尺之間），而極端、排放量最高的RCP8.5情境，預計上升0.84公尺（三分之二的可能性落在0.61公尺和1.10公尺之間）。[16]對應的平均上升速率分別為4.3公釐／年和8.4公釐／年。兩情境的上升速率都明顯大於目前的3公釐／年，但低於圖8.2所示九千年前冰層融化高峰時12公釐／年的最大速率。更重要的是，這些預測基於我們已經討論過的存疑氣候模型，且模型無法掌握南極和格陵蘭島冰蓋變化，而這些冰蓋融冰是海平面上升的主要原因。

---

[15]　IPCC. SROCC Section 4.2.2.2.6.

[16]　IPCC. SROCC Summary for Policymakers, Finding B3.1.

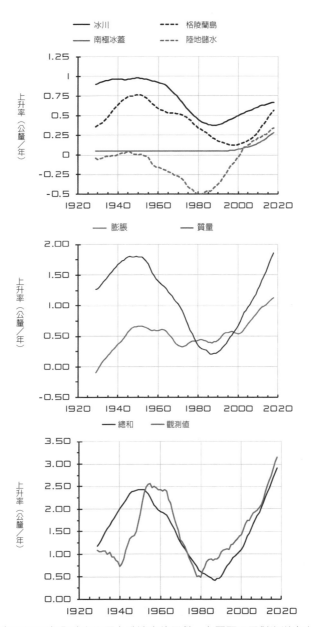

圖8.6 對1929年至2018年全球海平面上升速度的貢獻。上圖顯示了對海洋中水質量變化的四個
影響因素。中圖顯示這些變化的總和,以及海洋水熱脹所帶來的變化。下圖顯示所有影
響的總和與觀測上升率的比較。所有趨勢都是以三十年的追蹤平均數計算。不確定性夠
小,所以變化非常重要。

　　無論全球平均海平面未來如何變化，地區海平面對於規劃適應措施來說才是最重要的，人類最重要的沿海地區被測量的時間比全球數值要長得多，也更準確。地區海平面上升與全球性上升相關，但由於地區因素，如地殼構造或下沉導致的土地運動以及海洋溫度和洋流的變化而有所不同。[17]然而儘管不完善，氣候模型還是為全球各城市在各種排放情境下提供了預測。這些預測甚至比全球海平面預測更不確定：預測全球海洋熱含量的平均變化，比預測區域溫度的具體空間變化和洋流等局部效應的變化更容易。正如世界氣候研究計畫（World Climate Research Programme）在2017年指出：

　　儘管在過去十年中取得了相當大的進展，但我們對過去和當前海平面變化及其原因的理解仍然存在重大差距，特別是對區域和地方規模的海平面上升的預測。……這些不確定性來自於我們目前對相關物理過程概念理解的局限、觀測和監測系統的缺陷，以及用於模擬或預測海平面的統計和數位模型方法的不準確。[18]

　　當把預測與歷史數據進行比較時，這警告的必要性就很明顯了。以圖8.7顯示的曼哈頓南端月平均海平面異常為例（根據季節性變化修正），這是由本章開頭提到的砲臺公園驗潮儀所測量，有超過一百六十年歷史。實線顯示的

17　Hamlington, B. D., A. S. Gardner, E. Ivins, J. T. M. Lenaerts, J. T. Reager, and D. S. Trossman, et al. "Understanding of contemporary regional sea-level change and the implications for the future." *Reviews of Geophysics* 58 (2020): e2019RG000672. https://agupubs .onlinelibrary.wiley.com/doi/abs/10.1029/2019RG000672.

18　Stammer, Detlef, Robert Nichols, Roderik van de Wal, and the GC Sea Level Steering Team. "WCRP Grand Challenge: Regional Sea Level Change and Coastal Impacts Science and Implementation Plan." CLIVAR (Climate and Ocean: Variability, Predictability and Change), World Climate Research Programme, June 8, 2018. http://www.clivar.org/sites/default/files/documents/GC SeaLevel Science and ImplementationPlan_V2.1_ds_MS.pdf.

是平均海平面上升，而兩個箭頭顯示AR5在兩種不同RCP情境下預測2020年至2100年的上升率。

長期上升率為每年2.87±0.09公釐，與過去幾十年來GMSL每年三公釐的上升率沒有太大區別。AR5給出了2000年至2100年紐約市海平面上升的預測，範圍從五百五十公釐（二十二英寸）至八百公釐（三十一英寸）不等，因為假設情是由RCP2.6到RCP8.5；每個預測的不確定性約為±300公釐（±12英寸）。

砲臺公園海平面（1856-2020年）

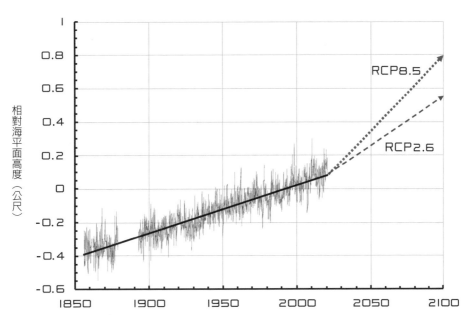

圖8.7 曼哈頓南端砲臺公園驗潮儀自1856年以來測量的月平均海平面異常值（經季節性週期修正）。直線表示趨勢；箭頭表示AR5在兩種不同情況下預測2020年至2100年的平均上升幅度。[19]

但正如我先前提到，只呈現海平面本身圖表，而無上升速度，可能會產生誤導，而且無論如何，我們必須採取長期的觀點。圖8.8顯示了過去一百年砲

---

[19] Historical data from NOAA. "Relative Sea Level Trend 8518750 The Battery, New York."; projections from IPCC AR5 WGI Figure 13.23.

臺公園海平面上升速度，應該可以平息任何恐慌情緒。

　　每一年的點都反映了之前三十年的趨勢，使之成為評估海平面上升趨勢的最佳方式。你可以看到，在過去的一百年中，上升速度變化很大，從1930年和1990年之前的三十年間每年不到二公釐（0.08英寸）的低點，到1955年和2015年之前的三十年裡每年近五公釐（0.2英寸）的高點，而百年內平均年上升率大約為三公釐。美國東北海岸的其他驗潮儀紀錄也出現六十年的週期，這與第四章中討論到大西洋多年代振盪（AMO）同步。[20]因此我們有理由預期，上升率在未來幾十年裡會再次下降。另一方面，IPCC預測的**平均**速率——即使是在RCP2.6情境下5.5公釐／年——也是異常偏高，以至於會超出本圖的範圍。未來幾十年將會揭曉孰對孰誤。

砲臺公園海平面趨勢（1923-2020年）

圖8.8　1923年至2020年，砲臺公園海平面的三十年追蹤趨勢。不確定性（1σ，1標準差）約為0.35公釐／年。水平線表示每年3.02公釐（0.12英寸）的平均速率。

20　Chambers, D. P., M. A. Merrifield, and R. S. Nerem. "Is there a 60-year oscillation in global mean sea level?" *Geophysical Research Letters* 39 (2012). https://agupubs.onlinelibrary.wiley.com/doi/10.1029/2012GL052885.

　　媒體對當地海平面上升的狀況和模型一樣感到困惑。例如最近一篇關於夏威夷歐胡島海平面上升的文章，文中有過去幾年洪水驚心動魄的照片，並附上如果海平面比目前上升了三十、六十或一百公分，檀香山的哪些地區將被淹沒的地圖。[21]報導沒有提到NOAA對檀香山的驗潮紀錄顯示，自1905年以來每年平均上升1.5公釐（0.06英寸），這代表若沒有**非常**大幅的加速，需要超過兩百年才能達到地圖上最低的上升三十公分（一英尺）。不幸的是，在媒體報導中，省略背景資訊甚至比評估報告中更常見。

━━━━━

　　總之，我們不知道全球海平面上升有多少是由於人類造成的暖化，有多少是長期自然週期的產物。CSSR和其他關於海平面上升的評估討論忽略了一些重要的細節，這些細節削弱最近幾十年上升速度超出了歷史變化的範圍，因此也削弱了歸因於人類影響的理由。毋庸置疑的是，透過增加氣候暖化，人類對海平面上升產生實質影響，但也沒有什麼證據表明這些影響是或將是巨大的，更不用說是災難性影響。

　　人類傾向於在海岸附近建造城市，這使得水位上升自古以來就是威脅，保險公司認為海平面上升是與氣候變遷相關的主要風險之一。[22]然而，此風險的性質和程度仍然是懸而未決。

　　解決問題最好從瞭解其原因和我們可以採取什麼行動來改變它開始。人類造成的暖化是海平面上升的唯一根源這種誤解給人的印象是，減少排放是個解方。然而，由於冰雪融化滯後於暖化（也因為第三章中提及二氧化碳的持久性），即使我們是罪魁禍首，明天停止所有的碳排放，全球海平面仍將繼續上

21　Tada, Grace Mitchell. "The Rising Tide Underfoot." *Hakai Magazine*, November 17, 2020. https://www.hakaimagazine.com/features/the-rising-tide-underfoot/.

22　"Global Sea Level Rise: What It Means to You and Your Business." Zurich.com, May 21, 2019. https://www.zurich.com/en/knowledge/topics/global -risks/global -sea-level-rise-what-it-means-to-you-and-your-business.

升。更重要的是，正如我們所見，地區海平面變化及其影響要複雜得多，涉及到洋流、侵蝕、氣象模式以及土地使用和組成。對這些細微差異進行清晰和無偏見的溝通是至關重要的。如果海平面在未來幾十年內確實成爲嚴重的威脅，毫無疑問，若將資源用於進一步的研究和適應措施，我們會有更完善的準備；如果我們堅持認爲已經知道所有的答案，那研究和適應措施就不可能成爲優先事項。

第九章

不是世界末日

　　媒體，以及由此產生的輿論和政治觀點，將各種即將發生的社會災難歸咎於人類對氣候的影響，包括死亡和破壞、疾病、農業崩潰和經濟毀滅。幸運的是，歷史數據並不支持這種說法，而對未來影響的預測（例如我們熟悉的「可能會像……一樣嚴重」）來自於輸入模型難以置信的極端情況，正如我們已經說過，這些模型顯然無法勝任。但要瞭解科學在涉及此類影響時被扭曲得多嚴重，你真的需要看看幾個例子的細節。本章包含三則標題為「不是世界末日」的小插曲。第一則是「與氣候有關的死亡」，這是基於猜測、過度的假設和不正確使用數據的恐嚇。第二則是未來的農業「災難」，只能由扭曲證據，甚至需要進行雜技式的曲解才能發現。第三則是「巨大」經濟成本——即使根據所提供的數據，也是微不足道，甚至小到無法衡量。

　　我第一次見到麥可·格林史東（Michael Greenstone）是我在歐巴馬政府任職期間，當時他正在領導一項部會間專案，以確定溫室氣體排放的經濟衝擊；此後，我們的職涯有幾次交會。格林史東現為芝加哥大學能源政策研究所主任，我發現他是位精明謹慎的能源經濟學家。2019年，麥可向國會作證，介紹了他正在進行關於地區和全球氣候變化的經濟影響的一些研究成果：

　　……在2100年，由於氣候變遷引起的溫度變化導致的全球死亡率增加，
　　將大於目前所有傳染病造成的死亡率……。我們估計，在2100年，由於

氣候變遷引發的全死亡風險是每十萬人中增加八十五人。[1]

　　讓我們來分析一下這些數字。2018年，全球所有傳染病造成的死亡人數約為每十萬人七十五人，約為全年每十萬人七百七十人死亡人數的十分之一。由於全球大約有八十億人口，相當於每年有六百萬人死於傳染病。[2]因此，如果未來的溫度變化至少會導致同樣多的死亡人數，這確實是非常嚴重的問題（為了體會這些數字的大小，2020年美國與COVID相關的死亡率為每十萬人中一百人。全球比率為每十萬人中二十三人，或所有傳染病的三分之一）。

　　評估格林史東的驚人論斷要問一些問題。特別是：目前與氣候有關的死亡人數是多少？在過去一個世紀中，與氣候有關的死亡人數是如何演變？更重要的是，你可能首先想知道：什麼是「與氣候有關的死亡」？

　　人們不會死於氣候。氣候變化緩慢，社會在很大程度上適應或減緩這些變化。但人們確實死於與氣候有關的氣象事件——乾旱和洪水、風暴、極端溫度和野火。我們已經討論過，目前還不能確定氣候變化已經使這些現象增加，但讓我們先看看過去一世紀中與氣象有關的死亡紀錄。

　　天主教魯汶大學（Universite catholique de Louvain）的災害流行病學研究中心（CRED）擁有涵蓋自1900年起全球二萬二千多起大規模災害的緊急事件數據庫。[3]自然災害造成的死亡數據很容易從該網站下載，分別為與氣象有關的數據（乾旱、洪水、風暴、野火和極端溫度）和其他無關的數據（地震、海嘯

[1] McMahon, Jeff. "Rise in Climate-Related Deaths Will Surpass All Infectious Diseases, Economist Testifies." *Forbes*, December 26, 2019. https://www.forbes.com/sites/jeffmcmahon/2019/12/27/climate-related-deaths-in-2100-will-surpass -current -mortality-from-all-infectious-diseases-economist-testifies/; Statement of Michael Greenstone to the United States House Committee on Oversight and Reform, Subcommittee on Environment, hearing on "Economics of Climate Change," December 19, 2019. https://epic.uchicago.edu/wp-content/uploads/2019/12/Greenstone -Testimony-12192019-FINAL.pdf.

[2] "World Health Statistics 2018 Monitoring Health for the SDGs." World Health Organization, 2020. https://apps.who.int/iris/bitstream/handle/10665/272596/9789241565585-eng.pdf.

[3] EM-DAT. "The International Disasters Database." Centre for Research on the Epidemiology of Disasters—CRED. Accessed December 1, 2020. https://www.emdat.be/.

和火山）。雖然由於特定的事件，這些數字每年都有很大的波動，而且早年的死亡人數被低報，但觀察每十年的平均數可以瞭解一些趨勢，如圖9.1所示。

　　從這張圖中可以看出，在過去的一百年中，即使全球暖化1.2℃（2.2℉），與氣象有關的死亡率也在急遽下降；今天和一世紀前相比，與氣象有關的死亡率降低了約八十倍。主要是由於更準確地追蹤風暴，更好地控制洪水，更好的醫療服務，以及隨著國家發展而提高了抗災能力。聯合國最近的一份報告證實了過去二十年的趨勢。[4]第二點是，最近十年中，極端氣溫每年造成每十萬人中0.16人死亡，比格林史東對2100年的預測低了五百倍左右。

　　那麼，格林史東是如何得出他驚人的預測呢？在進一步的證詞中，[5]格林史東提供一篇剛發表論文，文中包含這些預測的細節。[6]該分析使用歷史紀錄來瞭解溫度如何影響死亡人數，然後結合氣候模型的溫度預測，推估2100年因氣候變遷的死亡人數。研究在24,378個不同的地理區域進行，考察當地當前氣候、收入和年齡分布的差異。研究人員還聲稱至少部分考慮了未來經濟發展和對更高溫度採取的適應措施。

　　研究論文（而非對格林史東證詞的報導）中承認，該分析充滿了假設和不確定性。事實上，作者指出：「我們的整體估計顯示了相當程度的不確定性」，至少其中部分是「本質上無法解決的」。正如在第四章中所見，即使不考慮經濟和人口因素，模型預測的溫度變化和驅動這些變化的排放情境都有很大的不確定性。事實證明，格林史東在2019年的證詞中相當肯定地引用的2100年每十萬人中有八十五人死亡的數據，實際上是在難以置信RCP8.5高排放情境下的平均值，在此情境下有80%的概率死亡率落在每十萬人死亡二十一至二百

---

[4]　UNDRR and CRED. *Human Cost of Disasters*. Centre for Research on the Epidemiology of Disasters and UN Office for Disaster Risk Reduction, 2019. https://www.undrr.org/media/48008/download.

[5]　Statement of Michael Greenstone to the United States House Committee on Oversight and Reform, hearing on "The Devastating Health Impacts of Climate Change." August 5, 2020. https://epic. uchicago.edu/wp-content/uploads/2020/08/Greenstone_Testimony_08052020.pdf.

[6]　Carleton, Tamma A., Amir Jina, Michael T. Delgado, Michael Greenstone, Trevor Houser, Solomon M. Hsiang, Andrew Hultgren, et al. "Valuing the Global Mortality Consequences of Climate Change Accounting for Adaptation Costs and Benefits." National Bureau of Economic Research (NBER), July 2020. https://www.nber.org/papers/w27599.

零一人之間。因此，格林史東陳述證詞時，把不現實、極端的情況作為起點。根據他自己的模型，在更為合理的RCP4.5情境下，平均死亡率由八十五人降低六倍至十四人，落在四十五至六十三人之間的機率範圍非常高。換言之，在中等排放情境下，死亡人數很可能實際上會減少。

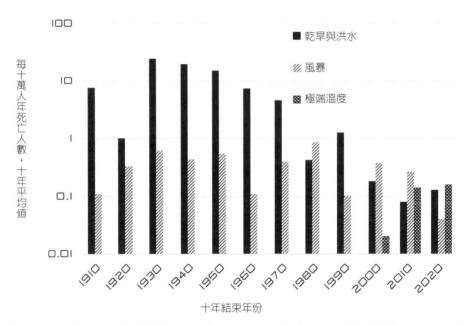

圖9.1　過去百年與氣象相關災難造成的年死亡率的十年平均數。比例尺是以對數表示，十年按結束年份標示。任十年的野火死亡人數都太少，在本圖內看不出來。[7]

　　還有其他原因使我們對這些結果不抱太大信心。衡量模型可信度的一項重要標準是模型重現過去的能力。也就是說，假設模型歷史數據只到1980年，它的預測與隨後四十年中實際的死亡人數匹配程度如何？這類「查核歷史預測」是對氣候模型本身的重要測試。但格林史東的分析中沒有這項基本查核。沒有

7　Lomborg, Bjørn. *False Alarm: How Climate Change Panic Costs Us Trillions, Hurts the Poor, and Fails to Fix the Planet.* New York: Basic Books, 2020.

對模型進行重現能力檢驗，這些模擬結果甚至比現行的氣候模型更不可靠。

　　以高度不確定的預測來製造聳動的頭條新聞是一回事，但歪曲現有數據來散播與氣候相關死亡率的恐懼是另一回事。世界衛生組織祕書長譚德塞（Tedros Ghebreyesus）2019年在《外交事務》（Foreign Affairs）上發表一篇名為〈氣候變遷已在殺害我們〉（Climate Change Is Already Killing Us）[8]的文章，但文中並未提供這個引人注目的標題的證據。令人訝異的是，該文將環境和家庭空氣污染（估計每年造成每十萬人中有一百人過早死亡，或約占所有死亡總數的八分之一）造成的死亡，與人類引起的氣候變遷造成的死亡混為一談。世界衛生組織自己也說，貧窮國家的室內空氣污染——以木材和動物及農作物廢料烹飪的後果——是全球最嚴重的環境問題，影響多達三十億人。[9]這不是氣候變遷的結果，而是貧窮的悲劇。污染確實影響了氣候（正如先前討論過，氣懸膠體實際上會產生冷卻效應），但污染造成的死亡並不是因為氣候變遷；而是污染本身造成的死亡。世衛組織領導層提出厚顏無恥的錯誤資訊尤其令人不安，因為這有可能削弱人們對該組織重要公共衛生任務的信心。

　　2019年8月，《紐約時報》標題為〈聯合國警告，氣候變遷威脅世界糧食供應〉[10]的文章，報導IPCC《氣候變遷與土地的特別報告》（Special Report on Climate Change and Land, SRCCL）的決策者摘要。[11]《紐約時報》對該報告結論的描述遵循此類報導的標準模式：

- 糧食減產已經很嚴重了（「由於產量下降，氣候變遷已經破壞糧食的供應」）。

- 它將變得更加糟糕（「……如果溫室氣體排放繼續增加，糧食成本也

8　Ghebreyesus, Tedros Adhanom. "Climate Change Is Already Killing Us." *Foreign Affairs*, March 12, 2020. https://www.foreignaffairs.com/articles/2019-09-23/climate -change-already-killing-us.

9　"Air pollution." World Health Organization (WHO). 2021. https://www.who.int /health-topics/air-pollution.

10　Flavelle, Christopher. "Climate Change Threatens the World's Food Supply, United Nations Warns." *New York Times*, August 8, 2019. https://www.nytimes .com/2019/08/08/climate/climate-change-food-supply.html.

11　IPCC. "Climate Change and Land." https://www.ipcc.ch/srccl/https://www.ipcc.ch/srccl/.

將提高」）。

● 但我們可以採取迅速和激烈的行動以避免最壞的情況（「……仍有時間以提高糧食系統的效率來應對這些威脅」）。

我相信閱讀本書這一連串災難報導後，讀者自然會對歷史背景和數據產生疑問。近幾十年來的農業產量如何？是否已經受到影響？如果是的話，是什麼影響？對未來災難的預測到底是什麼？可靠性又如何？

回答這些問題需要仔細閱讀IPCC特別報告。SRCCL的關鍵結論A.1.4說：

自1961年以來的數據顯示，植物油和肉類的人均供應量增加了一倍多，人均食物卡路里供應量增加了約三分之一（**高信心度**）。

報告技術摘要中的數據支持這項結論，數據顯示自1960年以來，全球農作物和動物熱量的生產都急遽上升，從1965年開始，每年生產的食物熱量都足以滿足人類的營養需求。事實上，自1980年以來，每年饑荒的死亡人數平均約為每十萬人中二至四人；在20世紀上半葉，死亡率高了十至二十倍。[12]這並不是說饑荒不再是問題——貧窮和糧食分配是導致全球約10%人口仍然營養不良的因素之一，上述同一關鍵發現指出，約四分之一的糧食被丟棄或浪費。

但我們確實有能力養活全人類，主要源於作物產量的提高，如圖9.2所示。從1961年至2011年的五十年間，全球小麥、水稻和玉米的產量都增加了一倍多，美國玉米的產量增加了兩倍多。[13]

作物產量取決於幾個因素：植物遺傳學、土壤養分、農業活動以及氣候的表現（溫度、日照和降雨）。但你可能會驚訝地發現，二氧化碳濃度增加是提高產量的一項重要因素，因為它提高光合作用的速度，改變植物的生理結構，

[12] Hasell, Joe, and Max Roser. "Famines." Our World in Data, last modified December 7, 2017. https://ourworldindata.org/famines.

[13] Nielsen, R. L. (Bob). "Historical Corn Grain Yields in the U.S." Corny News Network, Purdue University, April 2020. https://www.agry.purdue.edu/ext/corn/news/timeless/YieldTrends.html.

使植物更有效地利用水。[14][15]大氣層中不斷增加的二氧化碳也使自然界變得更肥沃。[16]正如SRCCL在其關鍵發現A.2.3中指出，在過去四十年中，衛星觀測到的葉面積指數（Leaf area index，葉子覆蓋的地域面積）在全球25%至50%植被區明顯增加（「綠化」），而在全球不到4%的地區減少（「褐化」）。

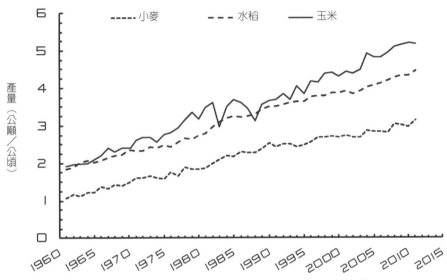

圖9.2　小麥、水稻和玉米──世界種植量最多三種作物的全球產量趨勢。[17]

　　儘管過去幾十年來產量有所提高，但SRCCL仍提出以下聲明：

14　Hille, Karl. "Rising Carbon Dioxide Levels Will Help and Hurt Crops." NASA, May 3, 2016. https://www.nasa.gov/feature/goddard/2016/nasa -study -rising -carbon -dioxide-levels-will-help-and-hurt-crops.

15　Dusenge, M. E., A. G. Duarte, and D. A. Way. "Plant carbon metabolism and climate change: elevated CO2 and temperature impacts on photosynthesis, photorespiration and respiration." *New Phytologist* 221 (2019): 32-49. https://nph.onlinelibrary.wiley.com/doi/full/10.1111/nph.15283.

16　Zhu, Zaichun, Shilong Piao, Ranga B. Myneni, Mengtian Huang, Zhenzhong Zeng, Josep G. Canadell, Philippe Ciais, et al. "Greening of the Earth and Its Drivers." *Nature Climate Change* 6 (2016): 791-795. https://www.nature.com/articles/nclimate3004.

17　IPCC SRCCL, Figure TS.9.

　　……1981年至2010年的氣候變化使全球玉米、小麥和大豆的平均產量相對於工業化前氣候分別減少了4.1%、1.8%和4.5%，即使考慮到二氧化碳施肥效應和農藝調整。產量影響的不確定性（90%信賴區間）為：玉米-8.5%至+0.5%，小麥-7.5%至+4.3%，大豆-8.4%至-0.5%。對於水稻則沒有發現明顯影響。這項研究表明，氣候變化已經在全球內調節了近期的產量，並導致了生產損失，而且迄今為止的適應措施還不足以抵消氣候變遷的負面影響，特別是在低緯度地區。[18]

　　換句話說，儘管從1981年至2010年小麥的實際產量提高了約100%，但若無任何人類造成的氣候變遷，產量會上升更多（104%）。同樣地，玉米產量也會增加至77%，而不是70%。

　　不幸的是，要判斷產量如何受到人類造成氣候變化的影響，以及影響的程度，遠非如此簡單。你需要知道，如果沒有人類的影響氣候會是如何，以及農業是如何受到這些差異的影響。換言之，我們需要做反事實分析，一個永遠無法用觀察結果來檢驗的分析。

　　除了眾所周知在方法上和用於進行上述估計氣候與作物模型的局限性外，[19]與測量產量的精確度相比，他們得出的影響相當小（聯合國糧食和農業組織的數據[20]抽樣精確度約為3%，還有其他不確定性）。

　　至於即將到來的災變，IPCC的報告包含了大量關於未來糧食問題的定性警告，其中許多是基於第四章討論到的可疑氣候預測。其中一項擔憂是，在二氧化碳濃度和溫度明顯升高的情況下，農作物的營養價值將降低約10%，報告

---

[18]　IPCC SRCCL Section 5.2.2.1

[19]　Iizumi, Toshichika, Hideo Shiogama, Yukiko Imada, Naota Hanasaki, Hiroki Takikawa, and Motoki Nishimori. "Crop production losses associated with anthropogenic climate change for 1981–2010 compared with preindustrial levels." *International Journal of Climatology* 38 (2018): 5405-5417. https://rmets.onlinelibrary.wiley.com/doi/10.1002/joc.5818.

[20]　Food and Agriculture Organization of the United Nations (FAO). "Crops Processed." FAO.org, July 29, 2020. http://www.fao.org/faostat/en/#data/QD/metadata.

指出這可已經由改變作物的遺傳特性來緩解。但說「產量將受到影響」毫無意義，甚至是誤導，除非還能說明影響的程度。

唉，在SRCCL中很難找到任何關於未來產量的定量預測。然而，報告的關鍵結論A.5.4對未來遵循歷史發展趨勢的「中間路線」情境有如下描述：

> ……全球作物和經濟模型預測，由於氣候變遷（RCP6.0），2050年穀物價格的中位數將增加7.6%（範圍區間為1-23%），導致糧食價格上漲，糧食不安全和飢餓的風險增加（**中等信心**）。

這是奇特的聲明，不僅因為它說的是什麼，而且因為它說了什麼：價格，而非產量。在全球市場上，糧食商品的價格是由供應和需求兩個大數字的平衡決定，其中一項的微小變化就會引起價格的大幅波動。顯然，SRCCL的推論是，氣候變化將減少糧食產量，從而減少供應，提高價格。但是，由於氣候預測的不確定性，在模擬供應與需求方面存在巨大的困難。而且，除了氣候之外，還有許多因素影響著供應。

但是，讓我們把這些都放一邊，就算接受「關鍵結論」的聲明。預計到2050年，價格增長的中位數為7.6%，或平均每年約為0.25%。讓我們更進一步，採取任何模型提出的最高預測，未來三十年糧食價格上漲23%，或平均每年上漲約0.75%。以此幅度上漲會產生什麼影響？

圖9.3顯示五十年來玉米和小麥歷史價格。你可以看到，通貨膨脹調整後的價格在20世紀70年代增長了二倍，此後一直呈下滑趨勢，顯示影響價格的因素遠不止氣候變化。而且在幾年的時間裡有很大的起伏，比未來三十年與氣候有關的任何預計增長都要大得多。換句話說，即使預測實現了，氣候的影響也不會很明顯。

總而言之，在過去的一個世紀裡，即使全球暖化，農業產量和整體糧食供應也在激增；2020年的糧食產量創下新高。[21]IPCC評估認為，無論1981年至

---

[21]　Food And Agriculture Organization of the United Nations. "FAO Cereal Supply and Demand Brief."

2010年期間氣候如何變遷，都對強勁的產量增長影響很小。預計到2050年，未來人類引起的氣候變遷對糧食價格的影響不僅不確定，而且比過去的變化要小得多，因此在正常的市場動態中應該很難被注意到。簡而言之，科學表明，由於「氣候」造成的作物歉收是另一項不存在的世界末日假象。

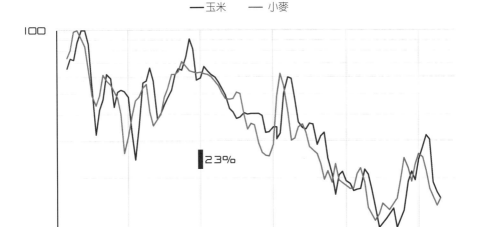

通膨調整後的穀物價格（1913-2016年）

圖9.3　經通膨調整後1913年至2016年的玉米和小麥價格。本圖是以對數為單位。每個價格都是相對於1920年左右的最大值。粗黑直線顯示2050年預計的最大漲幅（23%），與歷史價格變化相比是很小的。[22]

　　2018年感恩節後的第二天（黑色星期五），《第四次國家氣候評估》（NCA2018）第二卷發布。內容涉及人類造成氣候變遷的預計影響，並立即產出現在熟悉的頭條新聞，警告即將發生的經濟災難，其中包括：

December 3, 2020. http://www.fao.org/worldfoodsituation/csdb/en/.

[22]　USDA Economic Research Service. "Inflation-adjusted price indices for corn, wheat, and soybeans show long-term declines." April 2019. https://www.ers.usda.gov/data-products/chart-gallery/gallery/chart-detail/?chartId=76964

「氣候變遷將衝擊美國經濟」（《NBC新聞》[23]）
「氣候報告警告，經濟後果將十分嚴峻」（《福斯新聞》[24]）
「氣候變遷可能使美國損失數十億美元」（《金融時報》[25]）
「美國氣候報告警告，環境遭到破壞，導致經濟萎縮」（《紐約時報》[26]）

沒錯，該報告第二十九章的關鍵資訊2寫道：

> 如果沒有更大規模的全球緩解努力，預計氣候變遷將對美國經濟、人類健康和環境造成重大損害。在高排放和有限或無適應作為的情況下，一些部門的年度損失預估在本世紀末將增長到數千億美元。

關鍵資訊和激烈的標題都讓我大失所望，它們顯然是想讓人感到害怕。然而我研究過這個問題，知道預期的淨經濟影響很微小。讓我解釋分明。

我首次研究氣候變遷的經濟影響是在報告發布前的2017年，當時全球最大的投資機構之一請我提供關於氣候科學的建議。由於他們要求包含經濟影響，因此我仔細閱讀了聯合國第五次評估報告（AR5）中的相關內容。

對氣候變化的經濟影響預測不確定性很高。當然我們已經知道，由於氣候模型的不足和無法確定未來排放，氣候將如何變化存在很大的不確定性。

---

[23] Gregorian, Dareh. "Federal Report Says Climate Change Will Wallop U.S. Economy." NBC News, November 24, 2018. https://www.nbcnews.com/news/us-news/federal-report-says-climate-change-will-wallop-u-s-economy-n939521.

[24] Shaw, Adam. "Climate Report Warns of Grim Economic Consequences, Worsening Weather Disasters in US." Fox News, November 24, 2018. https://www.foxnews .com/politics/climate-report-warns-of-grim-economic-consequences-more-weather-disasters-in-us.

[25] Crooks, Ed. "Climate Change Could Cost US Billions, Report Finds." *Financial Times*, November 23, 2018. https://www.ft.com/content/216b5ed2 -ef68-11e8 -89c8-d36339d835c0.

[26] Davenport, Coral, and Kendra Pierre-Louis. "U.S. Climate Report Warns of Damaged Environment and Shrinking Economy." *New York Times*, November 23, 2018. https://www.nytimes.com/2018/11/23/climate/us-climate-report.html.

而且氣候不確定性在區域層面比在全球層面更高。例如，在最近加州乾旱的五六年，許多氣候科學家說，人類對氣候的影響加劇乾旱風險。[27]然而在2016年乾旱爆發後僅一年左右的時間，就出現了聲稱全球暖化會使加州會更潮濕的論文。[28]也許這只是科學理解的學習過程。較不厚道的說，我有種明顯的感覺，那就是由於科學尚未有定論，以至於**任何**不尋常的氣象都可以「歸咎於」人類的影響。

此外，氣候只是影響經濟發展和福祉的眾多因素之一。經濟政策、貿易、技術和管理也很重要，而且這些在不同國家皆不相同，以不可預期的方式改變。經濟措施具高度地域性，其未來不確定性由於區域氣候預測的不確定性而變得更加複雜。在諸多未知因素面前，預測氣溫上升對一個社會的經濟損害是特別困難的——其中包括適應措施可能發揮的作用，如加高堤防或改變種植的作物，使氣候變化的影響最小化，有時甚至可以加以利用。

儘管有這些挑戰，AR5的第二工作組（專責研究第一工作組概述氣候變化的生態和社會影響）確實談了一些關於世界經濟活動將如何受到全球暖化的影響。圖9.4展示大約二十個已發表的評估，顯示到2100年時全球溫度上升3℃預期（現在已經很熟悉了）將對全球經濟產生負面影響——等等，是3%或更少。

在與投資者的對話中，我提供了一些聯合國報告中缺少的重要背景。在約八十年後的2100年，3%的影響轉化為年經濟成長率的下滑，平均3%除以八十年，約為每年0.04%。IPCC的設想（在第三章中討論）假設到2100年全球平均年成長率約為2%；那麼氣候影響將是在2%的成長率中減少0.04%，從而使成長率降至1.96%。換句話說，聯合國報告說人類引起的氣候變遷對經濟的影響是

---

27 Diffenbaugh, Noah S., Daniel L. Swain, and Danielle Touma. "Anthropogenic Warming Has Increased Drought Risk in California." Proceedings of the National Academy of Sciences of the United States of America, National Academy of Sciences, March 31, 2015. https://www.ncbi.nlm.nih.gov/pmc/articles/PMC4386330/.

28 Allen, Robert J., and Ray G. Anderson. "21st Century California Drought Risk Linked to Model Fidelity of the El Niño Teleconnection." *npj Climate and Atmospheric Science* 1 (2018). https://www.nature.com/articles/s41612-018-0032-x.

可以忽略不計的，最多只是路途中的顛簸。事實上，在其第十章的決策者摘要
第一點就是：

> 對於大多數經濟部門，相對於其他驅動因素的影響，氣候變化的影響將
> 很微小（**中等證據力，高度同意**）。人口、年齡、收入、技術、相對價
> 格、生活方式、監管、治理以及社會經濟發展中許多其他層面的變化將
> 對經濟產品和服務的供應和需求產生影響，這些影響相對於氣候變遷的
> 影響而言大得多。

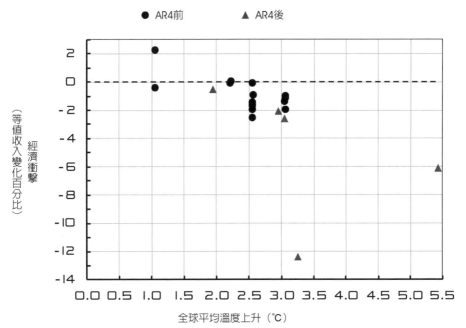

氣候變遷總影響的預估

圖9.4　2100年時全球氣溫上升對全球經濟淨影響的估計。[29]

---

[29]　Adapted from IPCC WG2 AR5, Figure 10.1.

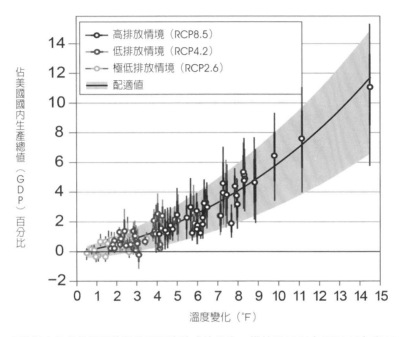

圖9.5　本世紀末氣候變遷預估對美國經濟造成的損失。橫軸是1980年至2010年與2080年至
2099年之間的全球平均溫度變化（℉）。圓點表示影響的中位數，線條和陰影表示不確
定性（NCA2018的圖29.3）。

　　IPCC負責協調的主要作者之一在2018年撰寫的文章中，回顧了過去四年
的發表論文，並提出類似結論：

　　……氣候變化對總體經濟產生負面影響，但平均而言很溫和，對未開發
　　國家最嚴重的衝擊主要是由貧困所造成。[30]

專家們對氣溫上升造成微小總體經濟衝擊的共識眾所周知，儘管對那些希

30　Tol, Richard S. J. "The Economic Impacts of Climate Change." *Review of Environmental Economics and Policy* 12 (2018). https://www.journals.uchicago.edu/doi/10 .1093/reep/rex027.

望敲響氣候警鐘的人來說造成不便。當我向一位著名環境政策制定者詢問聯合國的評估時，他的回答讓我目瞪口呆：「是的，不幸的是，影響數字太小了。」

無論如何，這背景讓我準備好權衡伴隨NCA2018第二卷發布後讓人屏息的報導。該報告最末章的最後一個數字（轉載於圖9.5）是基於2017年發表在《科學》（Science）雜誌上的一篇論文。[31]它顯示預計本世紀末美國經濟的直接損失將隨著全球平均溫度的上升而增長（相對於1980年至2010年平均溫度的異常值）。與IPCC對世界經濟的預測相同，對美國的影響很小：如果在本世紀末出現5℃（9℉）的大幅升溫，美國的經濟成長率將減少4%（值得注意的是，5℃的暖化是相對於今天的溫度，已經比工業化前溫度提高了1℃，相當於《巴黎協定》核算的6℃升溫，《巴黎協定》將2100年時溫度上升不超過工業化前1.5℃作為目標）。

與聯合國報告相同，NCA2018未能將經濟影響置於相關脈絡之中檢視，但我可以很簡單地處理。自1930年以來，美國經濟以平均每年3.2%的速度成長（當前經濟規模幾乎是九十年前的二十倍）。依據保守假設，未來七十年經濟成長率平均約為2%，美國經濟在2090年時將比現在大四倍。那麼所謂的2090年時4%的氣候衝擊就相當於兩年的經濟成長。換言之，到2090年額外升溫5℃（9℉）只將使美國經濟成長推遲兩年，才達到預期2090年的規模。

圖9.6以圖表方式說明。請注意這三條曲線的組合。一條曲線顯示，在沒有任何氣候衝擊情況下，美國經濟以假定的2%的年平均速度增長，國內生產總值將從今天的二十兆美元提高到2090年的八十兆美元。另一條為假設氣候變暖5℃，根據NCA2018，將產生略微延遲的成長曲線，在2090年時比無氣候衝擊情況下少4%。最後還有一條升溫7.2℃（13℉）的曲線——這一暖化水準甚至遠遠超過IPCC最極端情境下的預測。根據NCA2018，這將導致從現在到2090年之間10%的經濟衝擊，這仍然相當於從現在開始的七十年內，只推遲了五年的經濟成長。

---

[31]　Hsiang, Solomon, Robert Kopp, Amir Jina, James Rising, Michael Delgado, Shashank Mohan, D. J. Rasmussen, et al. "Estimating Economic Damage from Climate Change in the United States." *Science*, June 30, 2017. https://science.sciencemag.org/ content/356/6345/1362.full.

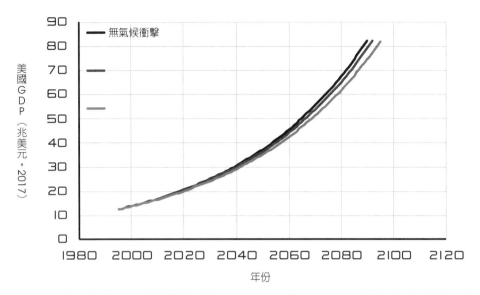

圖9.6　到2090年美國GDP的定值美元（Constant-dollar）預測。顯示的曲線是假設在沒有氣候相關衝擊下，每年有2%的名目成長率，以及在2090年有4%和10%的氣候相關影響。這些影響假定在所顯示的時間內以線性方式出現。

　　在黑色星期五發布NCA2018後的幾個小時內，我起草一篇簡短的專欄文章，內容與在此的陳述差不多，《華爾街日報》週一在網上發表了這篇文章。[32]第二天，一位著名的美國能源經濟學家發來電子郵件，感謝我提出這觀點，可惜他無法公開表示謝意。次週，2017年原始研究論文的作者之一，對媒體曲解的報導表示沮喪。[33]

　　氣候科學機構，特別是NCA2018的作者，對我的專欄文章沉默以對。他們沒有採取任何措施來應對媒體的毀滅性報導。也許他們對自己的災厄論感到尷尬。或者，像我之前提到的那位希望衝擊數字更大的政策制定者一樣，這正是他們所希望見到的報導。

[32]　Koonin, Steven. "The Climate Won't Crash the Economy." *Wall Street Journal*, November 27, 2018. https://www.wsj.com/articles/the-climate -wont-crash -the- economy -1543276899.

[33]　Jina, Amir. "Will Global Warming Shrink U.S. GDP 10%? It's Complicated, Says The Person Who Made The Estimate." *Forbes*, December 5, 2018. https://www.forbes .com/sites/ucenergy/2018/12/05/will-global-warming-shrink-u-s-gdp-10-its - complicated-says-the-person-who-made-the-estimate.

　　毫無疑問，你已經注意到了，與氣候有關的經濟災難概念在媒體和政治對話中依然存在。經濟學被稱為「令人沮喪的科學」，我曾經對一位著名的經濟學家開玩笑說，氣候和經濟預測的結合是「雙重沮喪」的事業。我們有理由預期，與氣候變遷的相關因素——包括農業條件轉變或風暴模式的變化——將對某些人口和經濟部門產生不同的經濟影響（和利益）。然而，與流行看法相反，即使是官方評估報告也表明，到本世紀末，人類引起的重大氣候變遷對世界或美國經濟的淨經濟影響可以忽略不計。

　　很明顯，媒體、政客以及評估報告本身常常公然扭曲科學對氣候和災難的研究。這些錯誤揭露了撰寫和過於隨意審查報告的科學家、不加批判而重述這些報告的記者、允許這種情況發生的編輯、煽風點火的活動家和他們的組織，以及沉默以對的專家們，他們認可了這種欺騙。這些和其他許多氣候謬論不斷散播，使之成為公認的「真理」。

　　本書已探討了在氣候方面的定論與科學實際告訴我們內容之間的鴻溝。那麼，我們是怎麼走到這一步的呢？下一章將更仔細地研究不同利益結合造成的完美風暴，這風暴引發大眾對非科學共識的狂熱信念。

第十章 ———————————

是誰破壞了「科學」，爲什麼？

————————————————————

　　如果關鍵科學內容真的結論未定，正如在先前章節中所見，爲什麼僞**科學**（譯注：The Science，作者意指經機構、媒體等扭曲過的科學）的說法如此不同？難道真的是氣候問題上的眾多利益相關者——科學家、科學機構、鼓吹者和非政府組織、媒體、政治人物——都在爲了說服而提供錯誤的資訊？爲什麼僞**科學**獲得比真科學更高的地位？

　　多年來觀察到了這一幕，我對氣候科學的溝通方式進行了大量思考。我不是人類行爲專家，但我近距離觀察這過程，我的直接經驗以及一些關於人類的普遍行爲模式表明，這不是什麼祕密的陰謀，而是各種觀點與利益結盟的自我強化。讓我們依次看看最重要的參與者。

媒體

　　2004年搬到英國時，我很自然開始閱讀英國報紙。我很意外英國報紙的國際新聞比美國報紙多得多，這無疑是因爲較小的英國必然有較多外交事務，以及與歐洲其他國家的聯繫和與曾經屬於大英帝國的大英國協國家（Commonwealth countries）的歷史淵源。當然，足球也占據大幅新聞版面。但最讓我吃驚的不僅是內容的問題，還有語氣。英國的報紙往往有黨派立場，不僅是在社論中，而且也在他們的報導中。儘管我曾廣泛閱讀美國全國性報紙，包括《紐約時報》、《華爾街日報》和《華盛頓郵報》，但看到英國《衛報》、《泰晤士報》、《每日電訊報》和《金融時報》在報導內容和報導方式上的鮮明差異，讓我大開眼界。

　　在此後的幾年裡，美國媒體也形成更明確、更差別化的觀點，而這些觀點也同樣從他們的社論中滲透入到他們的報導中。最值得注意的是，隨著網路時代來臨，標題變得更蠱惑以增加點擊率，即使文章內容並不支持煽動的標題。今天，朝向聳動與分享的轉變已經遠遠超出了標題的範圍。在氣候和能源問題上尤爲如此。

　　無論意圖多麼崇高，新聞最終是一門生意，在數位時代，新聞越來越依賴於點擊和分享形式的關注。報導極端氣象幾乎沒有任何長期變化的科學事實，並不符合「**頭條見血**」（If it bleeds it leads）的精神。另一方面，世界某處總有一個極端氣象的新聞來支持聳人聽聞的標題。

　　人員的變化也導致了媒體對科學的錯誤報導。許多新聞編輯室正在縮編，嚴肅深入報導變得越來越罕見。許多報導氣候的記者不具科學背景。這是個特殊的問題，因為正如我們所見，評估報告本身可能會產生誤導，特別是對非專家而言。科學報導幾乎總是有細微差別；它們需要時間和研究。不幸的是，新聞週期的短節奏只會變得更加瘋狂，記者和編輯的時間比以前更少。現代媒體的多元和普遍性增加了對新鮮「內容」的需求，以及對率先發布新聞的競爭。和科學家相同，要求不帶偏見的職業準則並不意味著可以完全摒除偏見。

　　我與記者交流時意識到，對一些人來說，「氣候變遷」已經成為拯救世界免受人類破壞的事業和使命。因此，無論新聞是什麼，將警告包裝成「正確」的事甚至成了義務。「氣候記者」這新工作類別的興起使情況變得更加複雜。他們的任務很大程度上已預先確定；如果他們的報導不描繪災厄景象就不會見報（無論是數位還是印刷）或在廣播中出現。

　　例如《華盛頓郵報》最近一篇頭版報導說，拜登政府的氣候政策旨在「迅速減少國家的碳排放」，並解釋說：「地球暖化使這個問題越來越難以被忽視，因為與氣候有關的災難正逐年增加。」[1]

　　當然你已經讀過了，數據根本不支持「與氣候有關的災難」正在「逐年增加」。

---

[1]　Brady, Dennis and Juliet Eilperin. "In Confronting Climate Change, Biden Won't Have a Day to Waste." *Washington Post*. December 22, 2020. https://www. washingtonpost .com/politics/2020/12/22/biden-climate-change/.

在接下來的整版報導中，有很多關於新政府計畫的事實報導。但是，如果沒有開頭的聳動內容，這則報導能上頭版嗎？

簡而言之，人們普遍缺乏對科學實際內容的瞭解，極端氣象事件的戲劇性，其對人們心靈的震撼，以及行業內的壓力都不利於大眾媒體的平衡報導。

政客

政客經由激發選民的熱情和承諾，以激勵和說服來贏得選舉，這並不新鮮。孟肯（H. L. Mencken）在1918年出版的《爲婦女辯護》（*In Defense of Women*）一書中指出：

> 政治實踐的全部目標是以一系列無止盡的妖魔鬼怪（其中大部分是想像出來的）來威脅民眾，使其保持恐慌（從而急切地希望被引向安全）。[2]

氣候災難的威脅——無論是風暴、乾旱、海平面上升、農作物歉收還是經濟崩潰——都會引起所有人的共鳴。這些威脅可以被形容成既緊迫（例如引用最近的致命氣象事件），但又足夠遙遠，以至於政治人物的可怕預言在他們卸任後幾十年才會得到檢驗。不幸的是，雖然氣候科學和相關的能源問題很複雜，但複雜性和細微差異並不利於政治資訊傳遞。因此，科學被拋棄，轉而支持偽**科學**，並被「簡化」以運用於政治舞臺，並將需要採取的行動簡化爲「**只要消滅化石燃料就能拯救地球**」。

當然，這不是特定的氣候問題，而選民——他們對灰色地帶深惡痛絕——要承擔部分責任，未有定論很難凝聚人心。如果再生能源被更現實地描述爲緩解未來**可能出現問題**的**可能方式**，而不是解決**迫在眉睫危機**的**必要方案**，那麼

2　Mencken, H. L. *In Defense of Women*. Project Gutenberg. Last updated February 6, 2013. https://www.gutenberg.org/files/1270/1270-h/1270-h.htm.

對再生能源的支持肯定會減少。而不確定性可以成爲政治武器。右派政治人物甚至否認科學「人類影響在全球暖化中發揮了作用」的共識基礎，他們不惜利用氣候科學的不確定性，將其作爲氣候畢竟沒有變化的「證據」。

　　左派的政治人物們認爲討論科學的不確定性，或減少人類影響的挑戰的重要性太過麻煩。反之，他們宣稱科學已有定論，並爲任何質疑這項結論的人貼上「否認者」的標籤，把主張減少遊說和增加研究的良心科學家，與那些公開敵視科學本身的人混爲一談。

　　一些政客已經遠超出了叫罵的範疇，公然試圖破壞科學過程。兩位億萬富翁政客，麥克‧彭博（Michael Bloomberg）和湯姆‧史迪爾（Tom Steyer）的目標是「使氣候威脅感覺真實、直接，並將對商業世界造成破壞」，他們與一些科學家和其他人合謀，編寫了一系列報告，將極端排放情境RCP8.5錯誤地描述爲「一切照舊」（即沒有進一步努力控制排放的世界）。[34]這些報告伴隨著一場複雜的運動，將這概念注入科學會議和期刊中。[5]試圖以這種方式腐蝕科學進程的人，與他們大聲譴責的反科學人群玩的是同樣的把戲。幸運的是，這種欺騙行爲現在已經在主要科學雜誌上被揭露出來。[67]

　　最後標準做法是，許多右翼政客在宣揚「氣候變化騙局」的想法時，都被指控與受到負面影響的行業有關係。唉，隨著替代能源產業的發展，政客們也有經濟動機來炒作氣候災難。科學不該是盲目擁護，但氣候科學與能源政策和政治的交集幾乎保證了最終會演變成如此。

[3]　Helm, Burt. "Climate Change's Bottom Line." *New York Times*, January 31, 2015. https://www.nytimes.com/2015/02/01/business/energy-environment/climate-changes-bottom-line.html.

[4]　The Risky Business Project. "Risky Business: The Economic Risks of Climate Change in the United States." June 2014. http://risky business.org/site/assets/uploads/2015/09/RiskyBusiness_Report_WEB_09_08_14.pdf.

[5]　Pilke, Roger. "How Billionaires Tom Steyer and Michael Bloomberg Corrupted Climate Science." *Forbes*, January 2, 2020. https://www.forbes.com/sites/rogerpielke/2020/01/02/how-billionaires-tom-steyer-and-michael-bloomberg-corrupted-climate-science.

[6]　Hausfather, Zeke, and Glen P. Peters. "Emissions—the 'business as usual' story is misleading." *Nature*, January 29, 2020. https://www.nature.com/articles/d41586-020-00177-3.

[7]　Burgess, Matthew G., et al. *Environmental Research Letters* 16 (2020). https://doi.org/10.1088/1748-9326/abcdd2.

科學機構

　　對科學機構的信任支撐我們、媒體與政客們信任科學。然而，當涉及到氣候問題時，這些機構似乎常常更關心如何使科學符合一種說法，而不是確保說法符合科學。我們已經看到，編寫官方評估報告的機構有溝通問題，他們經常以主動誤導的方式總結或描述數據。在下一章中，我們將進一步探討這種情況是如何發生的；在此先不贅述。

　　其他科學機構或其領導人也過於願意說服而不是傳播正確知識。美國國家學院（NASEM）是私營的、非營利性的機構，於1863年由美國國會特許，為國家提供建議。他們網站上寫著：

> 美國國家學院是國家在科學、工程和醫療事務上提供高品質、客觀建議的卓越來源。[8]

　　學院主要經由聯邦機構贊助的書面報告提供建議。每年約出版兩百份報告，內容涵蓋科學、工程、醫學領域，以及與之相關社會議題等廣泛的主題。[9]

　　學院的報告經過廣泛的撰寫和審查過程。我對此過程十分瞭解，我曾經主持過兩份學院的研究報告，並審查了其他幾份報告，同時在六年內監督所有國家學院在工程和物理科學方面的報告活動（包括一些能源方面報告，但沒有氣候科學方面的報告）。這過程確實保證了幾乎總是客觀和最高品質的報告。不幸的是，正如我們所見，他們在2014年和2017/18年對國家氣候評估的審查（美國國家學院不撰寫評估報告）並不完全符合這一標準。

---

[8] "About Us: Who We Are." The National Academies of Sciences, Engineering, and Medicine. Accessed December 1, 2020 https://www.nationalacademies.org/about.

[9] The National Academies of Sciences, Engineering, and Medicine. "Climate Change Publications." The National Academies Press. Accessed December 1, 2020. https://www.nap.edu/.

2019年6月28日，美國國家學院的院長們發表了一份聲明，肯定「氣候變遷的科學證據」。聲明中唯一與科學本身相關的段落寫道：

> 科學家們早已從多項證據中明白，人類正在改變地球的氣候，主要是由溫室氣體的排放。關於氣候變遷影響的證據十分清晰，而且越來越多。大氣層和地球的海洋正在暖化，某些極端事件的規模和頻率正在增加，而海平面正在沿著海岸線上升。[10]

即使行文需要言簡意賅，這也這是對氣候科學不完整和不精確的錯誤解釋。它將人類造成的暖化與一般氣候變化混為一談，錯誤地暗示人類的影響是造成這些變化的唯一原因。文中提到「某些極端事件」，卻忽略了一個事實，即多數類型極端事件（包括當人們讀到「極端事件」時最容易想像的，如颶風）根本沒有顯示出明顯的趨勢。文中說「海平面正在上升」，不僅暗示這也完全歸因於人類造成的暖化，而且忽略了海平面上升並不是什麼新鮮事。

我很肯定，院長們在新聞發布會上發表的個人聲明沒有經過學院的常規審查程序；如果經過審查，聲明中不足之處就會得到修正。因此，該聲明倚仗著學院的聲譽，而卻未受到慣常的嚴格審查。諷刺的是，該聲明接著說學院「需要更清楚地傳達我們所知」但這聲明並沒有這樣做。

當氣候科學的交流像這樣被破壞時，也破壞了人們對科學機構在其他關鍵社會議題上發言的信心（COVID-19新冠肺炎是最近的明顯例子）。正如我在導言中提及，美國國家科學院**前任**院長菲利普・韓德勒（Philip Handler）1980年的社論中寫道：

> 現在是回歸科學倫理和規範的時候了，這樣政治進程才能更有信心進行

10　McNutt, Marcia, C. D. Mote Jr., Victor J. Dzau. "National Academies Presidents Affirm the Scientific Evidence of Climate Change." The National Academies of Sciences, Engineering, and Medicine, June 18, 2019. http://www8.nationalacademies.org/onpinews/newsitem.aspx?RecordID=06182019.

下去。公眾可能會想，為什麼我們還不知道對決策至關重要的內容，但只有當我們堅定地承認不確定性的程度，然後斷言需要進一步研究時，科學才能維持其在公眾中的地位。如果我們撒謊，或者以掌握所有必要資訊和理解的方式進行論述，我們將失去這個地位。科學家為公共政策服務的最佳方式是活在科學倫理之中，而非活在政治倫理中。[11]

科學家

本書指出史蒂芬・施奈德在有效和誠實之間的錯誤選擇。但是，還有其他因素鼓勵氣候研究人員將科學呈現為已有定論，無論科學內部辯論有多激烈。費曼在結束他《貨物崇拜》演說時，祝願加州理工學院的畢業生們：

> 祝你們能幸運找到安身之地，在那裡可以自由保持我所說的誠信，而且不會因為需要維持你們在組織中的地位或為獲得財政支援等原因，而感到被迫失去誠信。

我從經驗中得知，機構壓力真實存在；無論你是為政府、公司還是非政府組織工作，都有需要遵守的要點。對於學術界來說，有發表論文、獲得研究經費的壓力，還有就是晉升和長期聘書的問題，以及同行的壓力：因不支持「偽氣候科學」迷因（meme）數據，而遭受公眾指責並損及職業前景的氣候變遷不同意見者並不在少數。

麻省理工學院著名海洋學家卡爾・溫希（Carl Wunsch）長期敦促科學家們在呈現科學時要實事求是，[12]他曾寫過關於氣候科學家們製造引人注目成果的壓力：

---

[11] Handler, Philip. "Public Doubts About Science." *Science*, June 6, 1980. https://science.sciencemag.org/content/208/4448/1093.

[12] Wunsch, Carl. "Swindled: Carl Wunsch Responds." RealClimate, March 12, 2007. http://www.realclimate.org/index.php/archives/2007/03/swindled-carl-wunsch-responds/comment -page-3/.

　　氣候科學的核心問題是，當你的數據幾乎以任何標準來看，都不夠充分時，你要怎麼做、怎麼說？如果我花了三年時間分析我的數據，而唯一結論是「數據不足以回答問題」，你怎能發表論文？你要如何保住研究經費？常見的做法是扭曲不確定性的計算，或是完全忽略，並宣布令人激動的情節，好讓《紐約時報》來報導。

　　這很多時候都有點像醫療行業的情況。小規模、控制不佳的研究被用來宣揚一些新藥或療程的功效。有多少這樣的案例在未來幾年數據足夠充分後被撤回？[13]

　　未參與氣候研究的科學家們也該受到指責。雖然他們在評估氣候科學主張方面處於獨特的地位，但他們很容易出現我稱之為「氣候恐慌症候群」（climate simple）的現象。「暴力恐慌症候群」（blood simple）這個短語是由達許·漢密特（Dashiell Hammett）於1929年小說《紅色收穫》（*Red Harvest*）中創造的詞彙，意指人們長期沉浸在暴力環境中後的瘋狂心態；「氣候恐慌症候群」是類似的疾病，在討論氣候和能源問題時，原本嚴謹和善於分析的科學家們放棄他們的批判能力。例如，當一位資深科學同事要求我停止「分心」去指出IPCC報告中不恰當部分時，他就是「氣候恐慌症候群」患者。這是我在其他科學討論中從未聽聞的閉目塞聽立場。

　　什麼原因導致「氣候恐慌症候群」？也許是對問題缺乏瞭解，或者害怕說出自己的觀點，特別是對科學同行不同的觀點。也可能是簡單的信念，更多的是源於對所謂共識的信心，而不是有幾分證據說幾分話。

　　托爾斯泰1894年的哲學著作《神的國度在你心中》（*The Kingdom of God Is Within You*）包含以下想法：

　　若最遲鈍的人還沒有形成任何成見，就可以向他解釋最困難的問題；但

13　Revkin, Andrew C. "A Closer Look at Turbulent Oceans and Greenhouse Heating." *New York Times*, August 26, 2014. https://dotearth.blogs.nytimes.com/2014/08/26/a-closer-look-at-turbulent-oceans-and-greenhouse-heating/.

若最聰明的人堅定地認為，他已毫無疑義知道該議題的一切，那就無法向他說明最簡單的道理。[14]

無論原因是什麼，「氣候恐慌症候群」是個問題。因應氣候變遷而提倡的社會重大變革將耗費數兆美金，而理由是基於氣候科學的發現。因此這門科學應該接受嚴格的審查和質疑，科學家應該以一貫的批判性客觀態度對待氣候科學。當他們這麼做時，不應該感到害怕。

鼓吹者和非政府組織

我的收件箱裡充滿了來自350.org、關切科學家聯盟（Union of Concerned Scientists）和自然資源守護委員會（Natural Resources Defense Council）等組織的籌款呼籲。如果你相信有「氣候緊急情況」，在這前提下建立組織，並依靠你的捐贈者對這一事業的持續承諾，那麼預測氣候危機的緊迫性是關鍵。因此，像「氣候危機十分嚴苛，我們必須大膽和勇敢地應對」（來自350.org[15]）或「氣候變遷是人類有史以來面臨的最具破壞力的問題之一——時機正在流逝」（來自UCS網站[16]）的聲明。告訴你的捐贈者氣候沒有被破壞的跡象，或者對未來災難的預測是基於可疑的模型，並不符合你的最佳利益。

媒體傾向於給予非政府組織權威性的立場。但他們也是利益團體，有他們自己的氣候和能源議程。而且他們是強大的政治行動者，他們動員支持者，籌集資金，開展運動，並行使政治權力。對許多人來說，「氣候危機」是他們全部的**存在理由**。他們也不得不擔心被更激進的團體超越取代。

我對行動主義沒有異議，非政府組織的努力在許多方面使世界變得更好。

---

[14] Tolstoy, Leo. 1894. *The Kingdom of God Is Within You*. Project Gutenberg, July 26, 2013. https://www.gutenberg.org/files/43302/43302-h/43302-h.htm.

[15] "About 350.Org." 350.org. Accessed December 1, 2020. https://350.org/about/.

[16] "Climate Change." Union of Concerned Scientists. Accessed December 1, 2020. https://www.ucsusa.org/climate.

但以扭曲科學以推進一項事業無法被原諒，特別是那些在諮詢委員會任職科學家的共謀。

公眾

對極端氣象事件的恐懼是可以理解，對氣候變化的擔憂與人類一樣古老。短期的氣象事件（風暴、洪水、乾旱）給社會帶來壓力和挑戰，而長達數十年的變化則引起了大規模的移民，甚至摧毀了整個文明。例如大約七百五十年前，在長達二十年的大旱中，反覆的作物歉收摧毀了北美西南部的社區。[17]

人類行為可能導致天災的概念和人類一樣古老——就像我們希望以改變人類行為來避免最可怕的氣候災難一樣。聖經《利未記》26章3至4節上帝承諾定期下雨（在中東地區非常重要）以及隨之而來的益處，作為對做正確事情的回報：

> 你們若遵行我的律例，謹守我的誡命，我就給你們降下時雨，叫地生出土產，田野的樹木結果子。

我們願意認為今日公眾對氣候的態度更有鑑別力，但多數公眾仍是不加批判地接受從上層傳遞下來的智慧。與全球各地相同，美國多數公民都不是科學家，而教育系統也沒有向廣大公眾提供多少科學知識。大多數人沒有能力自己研究科學，他們既沒有時間也沒有意願這麼做。許多人更多從社群媒體上獲取資訊，而社群媒體太容易傳遞錯誤資訊或虛假資訊。根據我的經驗，人們傾向於相信並信任他們所選擇媒體在其專業知識之外領域的報導。

《天外病菌》（*The Andromeda Strain*）和《侏羅紀公園》（*Jurassic Park*）的暢銷書作者麥可·克萊頓（Michael Crichton），住在加州理工學院附近，直到

[17] The Editors of Encyclopaedia Britannica. "Great Drought." *Encyclopædia Britannica*, November 26, 2012. https://www.britannica.com/event/Great -Drought #ref=ref112984.

2008年去世前，一直是帕薩迪納知識界的重要成員。克萊頓在成為作家之前是名醫師，他直言不諱地宣導科學誠信，他對氣候科學的公開內容抱持懷疑態度〔他2004年的小說《恐懼之邦》（*State of Fear*）便是處理這主題〕。克萊頓與加州理工學院教授默里‧蓋爾曼（Murray Gell-Mann，諾貝爾物理學獎得主，最早提出夸克假設的學者之一）的談話讓他提出「蓋爾曼失憶效應」（Gell-Mann Amnesia）：

> 你打開報紙，看到一篇你熟悉主題的文章。以默里而言是物理，對我來說則是演藝圈⋯⋯。
>
> 總之，你會氣憤或感到可笑地閱讀報導中的許多錯誤，然後翻到國內或國際事務版面，好像報紙的其他版面在某種程度上，會比你剛剛看到的胡言亂語更準確地報導巴勒斯坦，你以這樣的方式看報，翻過這一頁，然後把錯誤的報導忘得一乾二淨。[18]

這當然沒有幫助，在這一點上，即使試圖討論偽**科學**也是進入了政治雷區。當我告訴人們評估報告中關於氣候的一些真實情況時，許多人立即問我是否是川普的支持者。我的答覆為否定，而且身為科學家，我一直支持真理。

———

作為一名科學家，我很失望，科學界有這麼多個人和組織明顯地扭曲科學，試圖說服而非提供正確知識。但身為公民，你也應該關注。在民主國家中，選民將最終決定社會如何應對氣候變化。在不完全瞭解科學說什麼（和不說什麼）的情況下做出的重大決定，或者更糟糕的是，在錯誤資訊的基礎上做出的決定，當然不可能導向正面的結果。COVID-19提供了警訊，對於氣候和能源來說，與疫情誤解都是一樣的。

---

[18] Crichton, Michael. At the International Leadership Forum, La Jolla, CA, April 26, 2002. http://geer.tinho.net/crichton.why.speculate.txt.

第十一章

修復被破壞的科學

2017年初，美國物理學會的研討會讓我看到了**偽科學**的問題後已經過了三年。從那時起，我一直在追蹤媒體和政客對氣候科學的扭曲，我對2014年國家氣候評估中對颶風數據的錯誤表述感到非常惱火，我在第六章中已經解釋了這一點。我越來越深信，**偽科學**需要**紅隊**檢驗，這個概念我已經沉澱琢磨了幾年。

在進行紅隊檢驗時，一組科學家（紅隊）將負責對其中一份評估報告進行嚴格的質疑，試圖找出並評估其缺陷。基本上，一個合格的對手小組將提問：「這個論點有什麼問題？」當然，「藍隊」（通常是原報告作者）將給予反駁紅隊質疑的機會。紅隊檢驗通常用於為重要決策提供資訊，如測試國家情報或驗證飛機或太空飛行器等複雜的工程項目；在網路安全方面也很常見。紅隊能抓住錯誤或缺失，找出盲點，以避免災難性的失敗。基本上是謹慎、雙保險決策方法的重要組成部分（請注意，「紅色」和「藍色」是軍隊傳統，這些演練起源於軍隊，與美國政治無關）。

紅隊對氣候評估報告的審查可以加強對評估的信心，並證明結論的穩健性（或缺乏）。它將突顯經得起檢驗的可靠科學，並為非專業人士強調被掩蓋或淡化的不確定性，或「不合時宜」之處。簡而言之，它將用科學來改進**偽科學**。

當然，聯合國的IPCC和美國政府都聲稱他們各自的評估報告的權威，因為它們在出版前已經接受了嚴格的同行審評。那麼，為什麼要進行另一層級的審查呢？最直接的答案是，正如本書前幾章所強調的，這些報告有些不可思議的錯誤。而造成這些錯誤的重要原因之一是報告的審查方式。讓我解釋。

科學是經由測試而成長的知識體系，一個步驟建立在下一個步驟之上。如果每個步驟都很扎實，研究人員可以迅速達成了不起的成就，比如快速開發疫苗或發展現代資訊技術。為瞭解研究人員已經產生了健全的新知識，其他研究人員會仔細檢查，並經常挑戰其實驗或觀察的結果，或制定新的模型和理論。**測量是否正確？實驗中是否有足夠的控制？結果是否與先前的理解一致？出現意外結果的原因是什麼？**對類似問題的滿意答案是接受新結果，進入不斷增長的科學知識體系的門檻。

科學期刊的同行評審是審查和挑戰新研究成果的機制。在這過程中，個別獨立專家對論文草稿進行分析和批評；作者對這些批評的回應由第三方審稿人（referee）裁定，然後他將向期刊編輯建議發表（或不發表）或建議如何修改論文。

在我四十五年的科學生涯中，我參與了許多同行評審——有時是作者，有時是評審人，有時是審稿人，還有幾次是作為編輯。根據這些經驗，我可以告訴你，同行評議可以改善論文的表達方式，而且有時會發現重大錯誤，但同行評審遠非完美，而且並不能保證發表論文的正確性。[1]由其他研究人員自行研究，對結果進行獨立的複製或反駁，是對正確性更有力的保證。所有重要的研究成果最終都會如此檢視。

但氣候評估報告不是研究論文。事實上評估報告是非常不同的文件，具有完全不同的目的。期刊論文是由專家為專家撰寫的重點介紹。相對地，評估報告的作者必須判斷許多不同研究論文的有效性和重要性，然後將之綜合成全面的評估，以呈現給非專家。因此，一份評估報告的「故事」真的很重要，用來講述故事的語言也很重要，特別是對於像氣候這樣重要的主題。

起草和審查氣候科學評估報告的過程並未強化客觀性。來自科學和環保機構的政府官員（他們可能有自己的觀點）提名或選擇作者，他們不受利益衝突的限制。也就是說，作者可能為一家化石燃料公司工作，也可能為提倡「氣候行動」的非政府組織工作。這增加了使評估報告的說服力比資訊更受青睞的

---

[1] Smith, Richard. "Peer Review: a Flawed Process at the Heart of Science and Journals." *Journal of the Royal Society of Medicine* 99 (2006): 178-182. https://www.ncbi.nlm.nih .gov/pmc/articles/ PMC1420798/.

機會。

　　一大群自願的專家評審人（包括國家氣候評估，由國家學院召集的小組）審查草稿。但與研究論文的同行評審不同，評審人和主要作者之間的分歧不是由獨立審稿人解決；評估報告的主要作者可以選擇拒絕接受批評，只須說「我們不同意」，然後，評估的最終版本須經政府批准（美國政府以機構間程序，而IPCC則是已經常有爭議的專家和政治人物會議）。而且，非常關鍵的是，IPCC的「決策者摘要」即使不是由政府撰寫，也會受到在推動特定政策方面有興趣的政府之嚴重影響。簡而言之，有很多機會可以破壞過程和成果的客觀性。

　　2017年2月初，我在第四屆聖塔菲全球和區域氣候變遷會議（Fourth Santa Fe Conference on Global and Regional Climate Change）上提出紅隊的想法，這是傳統上接受各種觀點的論壇。在我的演講結束時，我請在場幾百人若同意請舉手，並對他們的正面反應感到意外；大多數專家聽眾認為，如果執行得好，紅隊檢驗可以產生正面效果。也許那些「身處第一線」的研究人員，對他們的科學被傳遞給非專家的方式比我意識到的更不舒服。無論如何，他們的支持使我更有勇氣把這項理念告訴更多的人。

　　首屆「為科學遊行」（March for Science）於2017年4月22日（世界地球日）舉行，在全球六百個城市舉行集會和遊行。由於遊行的目標之一是鼓吹以證據作為基礎的政策，以滿足公眾的最佳利益，我認為這將是提出關於氣候科學和應如何向非專家傳達的很好時機。這個時刻似乎特別合適，因為美國政府的重要評估〔NCA2018第一部分，氣候科學特別報告（CSSR）〕計畫在秋季發布。

　　在科學遊行的前兩天，我在《華爾街日報》發表了一篇評論文章，其中我主張對氣候科學評估進行紅隊檢驗。[2]我以NCA2014對颶風數據離譜的錯誤陳

---

[2]　Koonin, Steven. "A 'Red Team' Exercise Would Strengthen Climate Science." *Wall Street Journal*, April 20, 2017. https://www.wsj.com/articles/a -red-team -exercise-would -strengthen-climate-science-1492728579.

述來說明紅隊審查的必要性，並概述了如何進行審查。

我的評論文章吸引了近七百五十名讀者的線上評論，其中絕大部分支持。川普政府中的一些人也留意到我的觀點，鑑於政府不願意公開接受對氣候理解的最基本知識，他們對氣候科學紅隊的興趣引起一些對該倡議的強烈反對意見。最明顯的是約翰・霍德倫（John Holdren，歐巴馬政府的科學顧問，曾任CSSR發起人）在2017年7月底發表的文章，[3]以及艾瑞克・戴維森〔Eric Davidson，美國地球物理聯盟（American Geophysical Union）主席〕和瑪西婭・麥克納特（Marcia McNutt，美國國家科學院院長）在隨後一週發表的文章。[4]正如戴維森和麥克納特所說：

> ……如果這個想法是讓紅隊從主流科學界（藍隊）對於氣候變遷的共識中挑毛病，那麼它功能就大打折扣了，因為類似挑戰已被實施數千次，而共識是逐漸形成的。

霍德倫的話更加尖銳：

> 一些支持者可能會天真地認為，這種不完備的程序可以發現主流氣候科學中的缺陷，而全球氣候科學界以多層正式和非正式的專家同行評審，進行嚴格的、長達數十年的審查，卻忽略的缺陷。

兩篇文章都沒有提到我所強調的《2014年國家氣候評估》對颶風數據的扭曲，也沒有解釋評估報告是如何經受住「多層正式和非正式專家同行評審」的「幾十年的審查」。這特別令人失望，因為我們科學家被訓練成關注具體細

3   Holdren, John P. "The Perversity of the Climate Science Kangaroo Court." *Boston Globe*, July 25, 2017. https://www.bostonglobe.com/opinion/2017/07/24/the - perversity-red -teaming-climate-science/VkT05883ajZaTPMbrP3wpJ/story.html.

4   Davidson, Eric, and Marcia K. McNutt. "Red/Blue and Peer Review." Eos, August 2, 2017. https://eos.org/opinions/red-blue-and-peer-review.

節。相反地，批評文章只提供模糊和不痛不癢的保證，即報告的撰寫和審查是嚴格的。當然，正如我已經指出，雖然報告中的**研究**可能確實接受了公眾對科學發現所期望的同行評審，但報告的總結和結論卻非如此，颶風的例子只是許多報告錯誤和誤導陳述之一，其中有些我已經在本書前面的章節中說明過了。

隨著政府對紅隊檢驗的興趣持續到2019年年中，非科學家政客們進一步提出反對意見，他們被誤導，認為科學已有定論。2019年3月7日，參議員舒默〔Schumer，協同參議員卡珀（Carper）、里德（Reed）、范霍倫（Van Hollen）、懷特豪斯（Whitehouse）、馬基（Markey）、夏茲（Schatz）、史密斯（Smith）、布魯蒙索（Blumenthal）、沙欣（Shaheen）、布克（Booker）、史戴比拿（Stabenow）、克羅布徹（Klobuchar）、哈桑（Hassan）、默克利（Merkley）和范士丹（Feinstein）〕提出參議院法案S.729：

> ……禁止使用資金為聯邦機構建立小組、專案組、諮詢委員會或其他努力來挑戰關於氣候變遷的科學共識，並用於其他目的。[5]

雖然該法案沒有任何進展，而且肯定不是國會第一次試圖阻止政府進行某些行動的法案，但我承認我很震驚，「挑戰科學共識的努力」很容易包括許多氣候科學研究，而將某種科學觀點奉為不可侵犯的共識，完全不該是政府的角色（至少在民主國家當是如此）。我無法想像國會試圖為任何其他重要研究領域做這樣的事情，例如COVID-19療法。身為喜愛研究歷史的人，我發現該法案讓人不舒服地想起1546年特利騰大公會議的一項法令，該法令試圖壓抑對教會教義的挑戰。[6]有些人類行為不被時間改變，即使我們認為現代當是如

---

[5]　A Bill to Prohibit the Use of Funds to Federal Agencies to Establish a Panel, Task Force, Advisory Committee, or Other Effort to Challenge the Scientific Consensus on Climate Change, and for Other Purposes, S. 729, 116th Congress (2019). https://www.govtrack.us/congress/bills/116/s729/text.

[6]　Fourth Session Council of Trent, April 8, 1546. "Canonical Decree Concerning the Canonical Scriptures." https://www.csun.edu/~hcfll004/trent4.html.

此開明。

————————

我仍然認為紅隊檢驗是應該用來修復評估報告進程的重要工具，但媒體傳播評估報告的方式也需要改進。2018年2月，在美國國家學院建立了氣候傳播倡議[7]之後，我號召了三十四名科學院成員撰寫一封信，敦促該倡議保持忠實於科學院的既定立場，即提供正確知識而不是說服，並避免宣傳。我們還敦促科學院採用一套原則，以協助確保他們在氣候方面的溝通透明、完整和不偏不倚。

各學院院長（每一位我都認識）在2018年2月21日回給我的一封禮貌的電子郵件中做了答覆：

> 我們感謝你和這封信的其他簽署者花時間提供深思熟慮的意見。我們同意，新的氣候傳播倡議必須避免宣傳，採用氣候傳播倡議的指導方針，並建立審查機制。我們將與諮詢委員會成員分享你的信，以便為他們的審議提供資訊，並讓他們知道，在他們執行任務時，他們可以與你或其他簽署人聯繫，以獲得澄清或進一步的意見。

我從未收到諮詢委員會的消息。但也許公眾和決策者會發現這原則有更好的用途，可以幫助他們更批判地對待氣候「新聞」。你可能認為，當涉及氣候科學時，非專家幾乎不可能知道該相信什麼（或誰）。但是，即使你不願意或無法投入太多時間去探究事實，仍然很容易觀察到一些該引起懷疑的警訊。以下是要留意的內容：

任何用「否定者」或「危言聳聽」等貶義詞來指稱科學家的人，都是在搞政治或宣傳。使用「氣候變遷」而不區分自然和人為原因，顯示在（也許是刻

---

[7] "Climate Communications Initiative." The National Academies of Sciences, Engineering, and Medicine. Accessed December 1, 2020. https://www.nationalacademies.org/our-work/climate-communications-initiative.

意的）思維上的草率。許多聲稱是關於人類如何破壞氣候（或我們必須減少碳排放來「修復」氣候）的文章，卻充滿不能歸因於人類（或可修復）的氣候趨勢的案例。

任何聲稱科學家中有「97%的共識」的呼籲都是另一種警訊。產生這數字的研究已經被明確揭穿。[8]而且從來沒有人具體說明這97%的科學家到底同意什麼。氣候正在變化？當然，算我一份！人類正在影響氣候？當然，我也加入！我們已經看到災難性的氣象衝擊，並面臨著更具毀滅性的未來？這可完全看不出來（已經讀到這裡，希望你能理解原因）。

混淆氣象和氣候是另一危險信號。一年的壞氣象並不代表氣候變化；氣候是在幾十年的統計數據。一則標題可能會說：「三十年來最活躍的暴風季！」……但如果以前就發生過，而那時人類的影響要微小得多，自然變化一定發揮了主要作用。

省略數字也是警訊。「海平面上升中」聽起來令人震撼，但當你知道在過去一百五十年裡，海平面以每世紀不到三十公分（一英尺）的速度上升時，就不那麼震撼了。當包含數字時，在非專家的氣候科學討論中，忽略估計不確定性是另一件需要注意的事，至少有一位傑出記者已經意識到這點。[9]

還有另一種常見策略是在沒有背景資訊的情況下引用驚人的數字。有則標題是「海洋正以每秒投下五顆廣島原子彈的速度暖化」，看起來確實嚇人，尤其是它引用了核武器。[10]但若進一步閱讀內文，你會發現海洋溫度每十年只上升0.04℃（0.07℉）。複習基礎科學就會知道，地球每秒吸收的陽光（和輻射熱能）相當於兩千顆廣島原子彈的能量。如果不給出任何數字脈絡，就很容易

8　*See, for example*, Tol, Richard S. J. "Comment on 'Quantifying the consensus on anthropogenic global warming in the scientific literature.'" *Environmental Research Letters* 11 (2016). https://iopscience.iop.org/article/10.1088/1748-9326/11/4/048001.

9　Jenkins, Holman W., Jr. "Change Would Be Healthy at U.S. Climate Agencies." *Wall Street Journal*, February 4, 2017. https://www.wsj.com/articles/change -would -be-healthy-at-u-s-climate-agencies-1486165226.

10　Kottasová, Ivana. "Oceans Are Warming at the Same Rate as If Five Hiroshima Bombs Were Dropped in Every Second." CNN, January 13, 2020. https://www.cnn.com/2020/01/13/world/climate-change-oceans-heat-intl/index.html.

嚇唬人，以達到說服的目的。

　　非專業人士對氣候科學的討論也經常混淆已經發生的氣候（觀測）和可能發生的氣候（各種情境下的模型預測）。第三章和第四章已經指出氣候預測的不確定性，所以要注意那些因為「根據模型」預測即將到來的世界末日而上頭版的報導。新聞報導中的措詞，如「可能」、「也許」、「幾乎」和「不能排除」，與其說是對末日的預言，不如說是我們無知的信號。至少，應該將最壞和最好的情況並陳，儘管正如我所說的，讀者應該對將最壞情況描述為「一切照舊」特別警惕。

　　任何人都可以（也應該）在閱讀氣候科學的報導時牢記這些警訊。檢查各種大眾媒體報導的一致性（或不一致性），有助於將氣候新聞報導置於脈絡之中。廣播媒體並不適合這麼做，因為廣播報導很簡短，而且是聲音片段（尤其要注意那些已經轉變為「氣候和氣象主持人」的氣象預報員——報導三十年的變化並不全然是「突發新聞」）。在印刷品和線上新聞媒體比廣播好些（但要注意標題）。

　　如果你有時間，查看引用的主要研究來檢查在媒體上讀到的內容是很好的下一步。可以從發表的期刊上獲得原始研究論文的摘要，對於特別重要的研究，論文本身有時可以在網上免費獲取。也有些部落客認真且持續報導最新的氣候科學。在共識方面，《真氣候》（*Real Climate*, realclimate.org）值得一看，而茱蒂絲‧柯瑞（Judith Curry）的網站《氣候等》（*Climate Etc.*, judithcurry.com）則由非共識的角度主持嚴肅的討論。

　　但是，沒有什麼比直接查閱數據更重要的了，數據是所有科學的最終仲裁者。氣候數據可以從美國政府的網站輕易獲得，例如美國國家環境保護署（www.epa.gov/climate-indicators）和NOAA（www.noaa.gov/climate）。因此，如果你讀到關於海平面上升、颶風或平均溫度的報導，並想深入瞭解細節，讀者只需要網路連線以及對哪些問題可能提供進一步理解的直覺（希望本書的所有讀者現在都有這樣的直覺）。

第二部

回應

科學家並不是算命仙，沒有水晶球可以告訴我們如何（甚至是是否需要）使地球免受任何可能出現的自然或人爲氣候問題的影響。我們只擁有不完美的數據，但我們可應用批判性思維和解決問題的技能，來使用這些數據辨識，甚至是預測問題，並提出解決方案。

對於這些解決方案，很多人有很多不同的想法。你可能已經至少聽過了幾個。一個極端是，我們可以進行「難以實現的計畫」（moon shot），在未來幾十年內完全消除人類的溫室氣體排放，正如許多政府、聯合國和幾乎所有非政府組織所宣導的那樣。另一個極端是，我們可以照常工作，認爲氣候對人類的影響相當不敏感，我們將能夠適應任何發生的變化。

我們**可以**（could）做很多事情來減少人類對氣候的影響（儘管不一定能阻止氣候的變化）。關於**可以**的討論主要是關於科學和技術，因爲我們需要知道如果沒有人類的影響，氣候會如何變化，以及我們所做的事情是否會帶來重大的正面改變。

可以做的問題與「我們**應該**（should）做什麼？」的問題有很大不同。任何關於世界**應該**如何應對氣候變化的討論，最好是以科學的確定性和不確定性爲依據。但它最終是關於價值觀的討論：根據對未來氣候的不完美預測來權衡發展、環境、代際和地理的公平性。**可以**和**應該**的問題與問「我們**將**（will）做些什麼？」也不相同。回答這個問題需要評估政治、經濟和技術發展的現況。實際上，單純的真相是，世界上有許多事情**可以**做，也許甚至**應該**做——例如消除貧困，但由於各種原因，它**將**不會被解決。重要的是，對**將要做什麼**的判斷與說明**應該做什麼**的見解完全不同。

2004年我離開加州理工學院教授和教務長的工作，成爲英國石油公司的首席科學家時，我開始認真研究「超越石油」（beyond petroleum，譯注：BP石油公司的廣告口號）的能源技術時，我自問這些**可以、應該和將會**的問題。我很快就明白，我對**應該**的問題沒有任何真知灼見，我對這種複雜的價值判斷問題並沒有比其他人有更好的解答，而且我不是哲學家或倫理學家。但在一年左右的時間裡，我爲非專業人士清晰闡述問題，並提出各種應對策略的優點和缺點，我開始對**可以和將會**問題做出有益的貢獻。這項工作對我來說很自然，因為它是以科學的冷靜態度蒐集、分析和展示數據，與我在政府諮詢中的工作沒有什麼區別。

　　過去十五年來，我一直在研究**可以做什麼**的問題，並在無數次的公開演講中闡述。聯合國IPCC的各種評估報告敦促世界應該（實際上是**必須**）迅速減少溫室氣體排放，以防止人類造成氣候變遷產生的最壞影響。這些報告還督促「減緩」排放（主要是與能源有關的二氧化碳）應以過渡到「低碳」能源和農業實作，以及減少能源和食物的耗用（節約）來實現。總體目標是在本世紀中期達到「淨零碳排」（net zero carbon）。雖然原則上沒有絕對的障礙，但多種科學、技術、經濟和社會因素結合在一起，使世界**將**非常不可能實現這些目標。幸運的是，不僅遠不能確定氣候災難即將發生（正如我們在本書第一部分所見），而且我們還有其他戰略來應對氣候變化，特別是適應措施和地球工程。

　　因此，以下是我對社會應對脈絡的更全面看法。

- 將人類對氣候的影響保持在聯合國和許多國家政府認為謹慎的水準以下，將需要在本世紀後半葉某個時間點，將已經上升了幾十年的全球二氧化碳排放量消滅。
- 減排必須在面臨人口和發展所帶來強勁增長的能源需求、化石燃料占主導地位，以及目前低排放技術存在缺陷的情況下進行。
- 這些障礙，加上未來氣候衝擊的不確定和模糊性，代表最可能的社會反應將是適應氣候變化，而適應措施極有可能是有效的。

讓我帶你看看同意我觀點的數據和分析。

第十二章

無碳的幻想

2004年10月，我坐在日本京都一個大會議廳裡，參加第一屆科技與社會論壇（Science and Technology in Society Forum, STS Forum）。日本前科技部長尾身幸次（Koji Omi）先生舉辦了這次由科學家、技術專家、企業高層、政策制定者和媒體組成的全球聚會，討論科技在解決全球問題中可能發揮的作用；氣候變遷是其中最重要的問題。從那時起，STS論壇已經成為年度活動，我最近幾年都有參加；也是美國協會的董事。像這樣的會議是瞭解世界各地在科學、技術和政策方面進展的絕佳途徑。

我的思緒從全體會議的發言中飄向了如何與非專家談論減少二氧化碳對氣候的影響問題。幾乎所有的政策討論都集中在減少碳**排**，但影響氣候的是大氣中的二氧化碳濃度。人們似乎普遍缺乏對排放如何影響濃度的理解。不幸的是，正如我在第三章中所討論的，這個簡單的科學問題大大提高了減少人類影響的挑戰。

大氣層中二氧化碳濃度增加速度大約是排放量的一半。如果目前的濃度是415ppm，排放三百七十億噸二氧化碳（目前每年的排放量）將使濃度增加約2ppm。但是，濃度是累積排放的結果，正如先前所見，我們添加到大氣中的二氧化碳不會在停止排放時消失。碳排在大氣中累積，並停留數個世紀，因為會被植物和海洋緩慢吸收而逐漸降低。適度減少排放只會推遲，但不會阻止濃度的上升。那麼，在未來幾十年內有多大的可能，全球二氧化碳的排放量可以減少到足以穩定，更不用說是減少人類的影響——無論其影響如何？我從京都回到倫敦，決心找出答案，並將我的發現簡要地介紹給其他人。

大約一年後，我對科學和社會挑戰有了足夠瞭解，因此看到少數基本事實的直接綜合就能引導出的結論：即使僅是穩定人類影響也是如此困難，以至於基本上減少人類影響毫無可能。在我為英國石油公司（以及後來的歐巴馬政府能源部）工作時，如果直接、公開的說出結論可能會讓我被解雇。但是，我能夠以簡單地組織和展示數據，讓其他人自己得出結論，這麼做可以調和我的工作責任和科學操守。

最終我在2015年11月將我2005年的分析的摘要發表在《紐約時報》的專欄文章[1]中，大約就在世界各國承諾2030年減排的巴黎會議召開前一個月。主要論點很簡單：

- 根據IPCC數據，僅僅穩定人類對氣候的影響，需要在2075年時，全球年人均二氧化碳排放量下降到一公噸以下，與今日海地、葉門和馬拉威等國家的排放量相當。作為對比，2015年美國、歐洲和中國的年度人均排放量分別約為十七公噸、七公噸與六公噸。
- 能源需求隨著經濟活動和生活品質的提高而普遍強勁增長；隨著全球多數人生活水準的提高，預期至本世紀中葉全球能量需求將增長約50%。
- 化石燃料供應當今世界80%的能源，並且仍然是滿足不斷增長的能源需求最可靠和最方便的手段。
- 由於不可避免的結構性因素，發電廠、輸電線路、煉油廠和輸油管線等能源供應基礎設施變化緩慢。
- 已開發國家肯定要減少排放量，但即使排放量減半，而發展中國家的人均排放量只增長到目前排放量較低的已開發國家的水準，到本世紀中葉時全球年排放量仍將增加。
- 減排和經濟發展之間的矛盾由於氣候在人類和自然的影響下將如何變化，以及這些變化將如何影響自然和人類系統的不確定性而變得更加複雜。

1　Koonin, Steven E. "The Tough Realities of the Paris Climate Talks." *New York Times*, November 4, 2015. https://www.nytimes.com/2015/11/04/opinion/the-tough-realities-of-the-paris-climate-talks.html.

在其他條件相同的情況下，消滅，甚至只是減少二氧化碳排放可能是件好事。但其他條件並**不相等**，所以決策必須平衡減碳措施的成本和效果，與氣候科學的確定性和不確定性。在這平衡中，你的利益將部分取決於你身處哪個國家、你有多富裕，以及你有多關心（或你是否為其中的一員）無法獲得足夠能源的40%人類。

———

2015年12月，當來自一百九十四個國家的政治人物和鼓吹者聚集在巴黎，同意限制人類對氣候的影響，以保持全球溫度上升不超過2℃（3.6℉）時，我已經離開政府四年了。歐巴馬政府在該第二十一次締約方會議（COP21）後不久發布的一份聲明指出：

> 巴黎協議設定將氣候暖化控制在2℃以下的目標，並首次同意繼續努力將氣溫上升限制在1.5℃。並且為了實現此一目標，各國應致力於儘快使溫室氣體排放達到峰值。[2]

花點時間再仔細讀一下這段話，你可能會發現該聲明有幾個未說明的假設。

其一是有公認的溫度基線來測量暖化，並且界定在0.5℃以內，否則就無法區分1.5℃和2.0℃的暖化。回顧圖1.1可以看出，如果基線是1910年的溫度，全球已經暖化了約1.3℃，而如果基線是1951年至1980年的平均溫度（該圖的零線），現今的暖化將是0.9℃，少了0.4℃。如果採用更久遠的基準線，例如1650年左右的小冰河時期，將代表更明顯的暖化已經發生（即使世界更繁

---

2 Office of the Press Secretary, The White House. "U.S. Leadership and the Historic Paris Agreement to Combat Climate Change." National Archives and Records Administration, December 12, 2015. https://obama white house .archives .gov/the-press-office/2015/12/12/us -leadership -and -historic -paris -agreement -combat- climate -change.

榮）。或者我們應該選擇西元1000年左右的中世紀溫暖期為基準，這意味著迄今為止的暖化只有大約0.4℃（見圖1.8）。事實上，我們應該從哪個溫度來判斷未來的變暖是模糊的，IPCC的報告通常是相對於19世紀後半期來衡量的，而《巴黎協定》則主張以「工業化前」的數值為基線。[3]如果基線不明確，未來的政客和政策制定者能以當時的方便，任意宣布減排的勝利或失敗。

　　聲明中的另一個假設是，僅溫室氣體排放就決定了氣候暖化，而且我們知道氣候將如何對排放做出25%以內暖化的反應（我們的預測需要精確至區分出1.5℃和2℃的暖化）。事實上，正如第四章所見，氣候對溫室氣體的反應是如此難以確定，如果我們認為排放已經減少到足以使我們在暖化2℃時保持「安全」，實際溫度可能會上升到1℃至3℃之間。而最新一代的模型甚至更加不確定，我們在第四章也看到了這一點。

　　第三個假設是，升溫1.5℃或2.0℃將是淨損害。事實上，許多分析表明，由於北緯溫帶地區農業條件的改善和取暖成本的降低，低於2℃的變暖可能會產生小幅淨收益。[4]而且，正如我們在第9章中所見，預期2℃至5℃（3.6℉至9℉）的暖化幾乎不會產生淨經濟衝擊。

　　耶魯大學經濟學家威廉・諾德豪斯（William Nordhaus）在20世紀70年代首次提出了升溫2℃左右的「護欄」概念，並以此獲得諾貝爾經濟學獎。[5]而由物理學家轉行氣候科學家，人稱「2℃極限之父」的胡博（Hans Joachim Schellnhuber）不斷地宣傳這一觀點，尤其是在歐洲。[6]在1.5℃成為時尚的十幾

---

[3]　Titley, David. "Why Is Climate Change's 2 Degrees Celsius of Warming Limit So Important?" The Conversation, March 20, 2020. https://theconversation.com/why-is-climate-changes-2-degrees-celsius-of-warming-limit-so-important-82058.

[4]　Tol. "The Economic Impacts of Climate Change."

[5]　Carbon Brief Staff. "Two Degrees: The History of Climate Change's Speed Limit." Carbon Brief, December 8, 2014. https://www.carbonbrief.org/two-degrees-the-history-of-climate-changes-speed-limit.

[6]　"'The Father of the 2 Degrees Limit': Schellnhuber Receives Blue Planet Prize." Potsdam Institute for Climate Impact Research, October 19, 2017. https://www.pik-potsdam.de/news/press-releases/201c the-father-of-the-2-degrees-limit201d-schellnhuber-receives-blue-planet-prize. "'The Father of the 2 Degrees Limit': Schellnhuber Receives Blue Planet Prize." Potsdam Institute for Climate Impact Research, October 19, 2017. https://www.pik-potsdam.de/news/press-releases/201c the-father-of-

年前，我曾與胡博聊天，期間我問他：「為什麼是2℃而不是1.5℃或2.5℃或其他溫度？」他這麼回答我：「應該差不多就是2℃，而且對政治人物來說，這是容易記住的數字。」顯然，政治人物們的記憶力在過去十年中有所提升。

歐巴馬政府聲明中的每個假設如果不是完全錯誤的話，至少都是可疑的，根據評估報告中提出的內容和本書第一部分中討論的科學來看是如此。但是，即使內容都是正確的，仍然有一個底線假設，即全球**可以**減少足夠的排放，以保持升溫低於2℃。不幸的是，科學、技術和社會現實使這假設最不可能實現。

事實上，依據IPCC，如果目標是將升溫限制在2℃以內，全球二氧化碳排放必須在2075年之前**消失**；如果目標是升溫不超過1.5℃，日期則須提前至**2050**年，離現在只剩三十年。[7]換句話說，為了實現既定的巴黎目標，全球必須在未來三十到五十年內幾乎完全放棄化石燃料〔從大氣中清除二氧化碳的碳捕捉計畫（Carbon capture schemes）可以創造負排放，因此不必完全棄用化石燃料。我將在第十四章討論這些計畫及其可行性〕。

但是，相信全球淨排放可以在三十到五十年內消除有多實際？燃燒化石燃料並非「沒有原因」。它們提供了已開發和開發中社會重要的能源。在未來幾十年內，世界將需要更多的能源，部分原因是人口成長。今天的全球人口不到八十億，到本世紀中葉將增長到九十多億，幾乎所有人口成長都發生在已開發世界之外。[8]

最後一項細節很重要，因為在未來幾十年裡，經濟成長將比人口增長更強力地推動能源需求。圖12.1顯示了1980年至2017年這四十年間，一些具代表性的已開發國家和開發中國家，以及全球年人均能源消耗量與年人均GDP的變化軌跡。

---

the-2-degrees-limit201d-schellnhuber-receives-blue -planet -prize.

[7] Van Vuuren, Detlef P., Jae Edmonds, Mikiko Kainuma, Keywan Riahi, Allison Thomson, Kathy Hibbard, George C. Hurtt, et al. "The Representative Concentration Pathways: An Overview." *Climatic Change* 109 (2011). https://link.springer.com/article/10.1007/s10584-011-0148-z.

[8] "World Population Prospects 2019." United Nations, Department of Economic and Social Affairs Population Dynamics, 2020. http://esa.un.org/unpd/wpp/DataQuery/.

　　每個發展中國家（包括中國、印度、墨西哥和巴西）的人民都會隨著經濟成長而消耗更多的能源：他們建設基礎設施，增加工業活動，需要更多的食物、電力和運輸等資源。已開發國家的人們表現出較高但增長緩慢的能源需求，他們之間的差異取決於其經濟活動的性質、基礎設施和氣候（供暖和製冷需求）。像加拿大、美國和澳洲這樣的能源生產大國的能源需求相對較高。也許最顯著的是，在經濟合作暨發展組織（OECD）中的已開發國家，人口只有大約十三億人，構成了圖表的上半部分，大約六十五億人口在下半部分，隨著生活條件的改善，他們的能源使用也在增加。

人均能源消費量與人均GDP（1980-2017年）

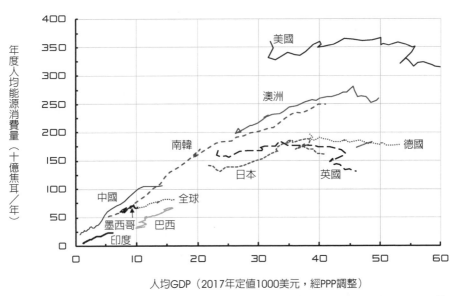

圖12.1　1980年至2017年部分國家和全球的年人均能源消費量與人均GDP的對比。能源使用量以十億焦耳為單位，而GDP以2017年定值美元為單位，按購買力平價（purchasing power parity, PPP）調整。[9]

9　GDP data from the IMF (https://www.imf.org/en/Publications/WEO/weo - database/2020/October/download-entire-database), energy data from the EIA (https://www.eia.gov/international/overview/world), and population data from the World Bank (https://data.worldbank.org/indicator/SP.POP.TOTL). Data for Germany and theWorld are only for 1990 onward.

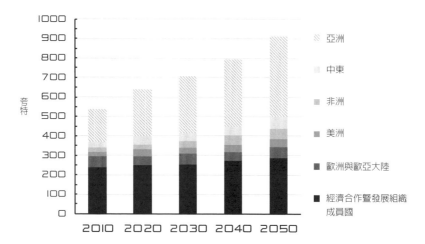

全球主要能源消費（2010-2050年）

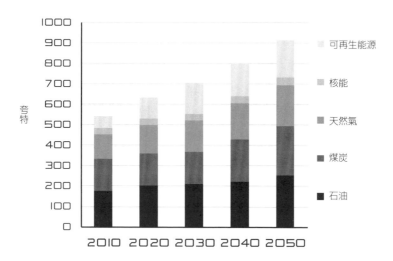

全球主要能源（2010-2050年）

圖12.2　全球各地區2050年能源消耗預測（上圖）。2050年全球能源來源的預測（下圖）。
能源以夸特（quadrillion BTUs，或約10^{18}焦耳）為單位；美國每年使用約一百夸特。
2010年的值是歷史值，2020年為COVID之前的預測值。[10]

---

[10]　Kahan, Ari. "EIA projects nearly 50% increase in world energy usage by 2050, led by growth in Asia."

　　人口和發展的驅動力加在一起，預計到2050年時能源需求將增長約50%。圖12.2顯示了美國能源資訊管理局（Energy Information Agency）的預測。上圖顯示，亞洲將會有最強勁的能源消費增長，世界其他地區的增長較小且較慢。下圖顯示，今天化石燃料提供全球大約80%能源（和之前幾十年一樣），在當前的政策下，化石燃料主導地位預計將持續到本世紀中葉，儘管如風能和太陽能等可再生能源的大幅成長，將使化石燃料在全球能源占比下降到大約70%。

　　請記住，由於二氧化碳在大氣中的壽命很長，決定濃度的是累積的二氧化碳排放（歷來排放的總量），因此人類對氣候的影響也是如此。圖12.3顯示了累積排放量；面對不斷增長的能源需求，我們面臨的挑戰是如何拉平這條陡峭的上升曲線。你也可以看到，迄今為止的累積排放量主要是由現在的已開發國家排放。

　　因為「發展中國家」的人口是「已開發國家」的五倍，現在已開發國家和發展中國家的**總**排放量幾乎相等。但這兩個世界差異頗巨的排放增長中有些發人深省的可能後果。首先，在本世紀的中，發展中國家的累計排放量（即排放總量）將大於已開發國家的排放量。在目前的趨勢下，已開發國家每減少10%的排放（過去十五年來減少的總量），不足以抵消發展中國家不到四年的排放增長。最後，為了更加瞭解發展中世界在改善自身狀況時預期的排放量增長幅度，僅舉一例：以印度而言，若人均排放量成長到相當於今天的日本（已開發國家中排放量最低的國家之一），那麼全球排放量將**增加25%以上**。人口和發展的基本趨勢表明，在大約五十年內消除全球與能源有關的二氧化碳排放，將需要對世界能源系統進行巨大的改造。

　　世界各國政府期待以《巴黎協定》開始向「淨零排放」的世界轉變。已開發國家承諾在2020年、2025年和2030年之前按各自承諾數量削減排放量（國家自定預期貢獻，Intended Nationally Determined Contributions, INDCs），而發展中國家承諾盡最大努力減緩排放量的增長，並擴大風能和太陽能等可再生能源。

US Energy Information Administration (EIA): Today in Energy, September 24, 2019. https://www.eia.gov/todayinenergy/detail.php?id=41433.

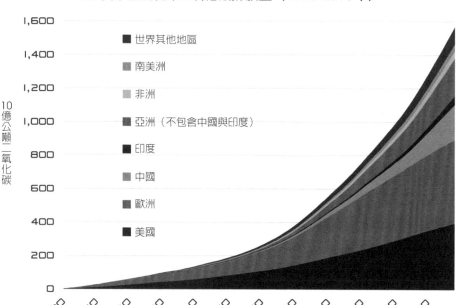

全球各地區累計二氧化碳排放量（1900-2018年）

圖12.3　從1900年至2018年各地區的二氧化碳累積排放量。ROW是指圖列以外的世界其他地區。來自化石燃料使用和水泥生產的排放被包括在內，但來自土地使用變化微小的排放沒有包括在內。[11]

　　每五年審查一次協定的進展情況（從2020年開始），由每個國家自我報告其成果。「自我報告」這句話可能會引起你的注意，但該協定也沒有強制執行機制，而且沒有約束力：正如川普政府在2020年11月退出協定時所證明，而拜登政府在2020年1月啟動重新加入協定程序，作為其就任總統的第一項正式行政命令，再次證明協定毫無約束力。除了減排承諾，已開發國家還將向綠色氣候基金（Green Climate Fund）捐款，以幫助發展中國家投資低碳能源項目來緩解國內排放。該基金的目標是到2020年時成長至每年一千億美元投資，但截至2019年底，各國政府總共只認捐了一百零三億美元。到2020年底，又獲得一百

11　Ritchie, Hannah, and Max Roser. "CO2 and Greenhouse Gas Emissions." Our World in Data, May 11, 2017. https://ourworldindata.org/co2 -and -other -greenhouse-gas-emissions.

億美元認捐的承諾。

　　儘管一些人認為《巴黎協定》是動員國家和國際行動以減少全球排放的關鍵舉動，但鑑於穩定二氧化碳濃度需要100%的減排，因此對減少人類對氣候的影響而言，《巴黎協定》幾乎不會產生任何直接作用。所有國家承諾的減排量的總影響將在2030年使全球排放量減少不到10%。與到2075年實現零排放的要求相比，這些努力是相當薄弱，更不用說要在2050年實現零排放了。

巴黎協定和全球排放

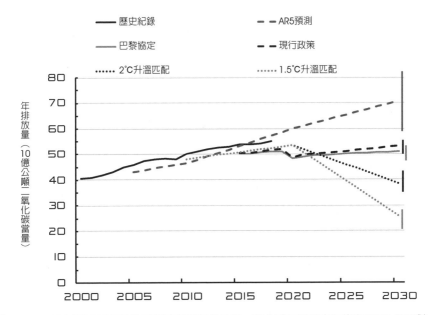

圖12.4　2000年至2030年的全球溫室氣體年排放量。圖中顯示了歷史紀錄和IPCC AR5對2015年的預測，以及在現行政策下和假設所有巴黎協定目標和承諾得到實現的預測。還顯示了被認為與全球溫度上升1.5℃和2℃匹配的未來排放路徑。圖右的直線顯示2030年的不確定性。由COVID-19造成的減排明顯呈現在2020年數據上。[12] [13]

12　"2030 Emissions Gaps." Climate Action Tracker, CAT Emissions Gaps, September 23, 2020. https://climateactiontracker.org/global/cat -emissions-gaps/.

13　Emissions data from 2019 Emissions Gap Report and projections from climate action tracker.org.

　　甚至在2015年簽署協定時就已經很明顯了，[14]現在更是如此，從圖12.4可以看出，如果在2030年實現所有的巴黎承諾，那麼2030年的排放量將實現適度的減少，但與零排放所需的條件相差甚遠。

　　自2015年以來的發展只是加強了這種感覺，即《巴黎協定》不大可能緩解人類對氣候影響，更別說減少了。以下是聯合國2019年排放差距報告的慘澹評估，該報告是《巴黎協定》簽署國在12月於馬德里召開COP25會議審查進度之前發布的。

> 總結成果並不樂觀。各國未能阻止全球溫室氣體排放的增長，代表現在需要更大幅且迅速的削減……。很明顯，漸進式的變化是不夠的，需要迅速採取變革性行動。[15]

　　報告中的圖12.5顯示了《巴黎協定》的主要簽署國的近期排放狀況。

　　儘管G20國家（人均GDP大於或等於墨西哥的國家）正在實現2020年的承諾，但預計它們在2030年的減排總量上將會有所不足。特別是截至2019年底，美國正在實現其2020年減少17%排放（相對於2005年）的承諾，但如果沒有進一步的政策變化，將無法實現2030年的目標。日本有望在2030年實現減少15%的承諾，但在福島核災之後，日本正在興建更多的燃煤電廠。占現今排放量不到10%的歐盟已承諾到2030年減少40%，並已立法規定到2050年實現100%的淨零排放（！）。相形之下，幾乎所有高排放的發展中經濟體到2030年都將大幅增加排放——中國和印度正在建設燃煤發電廠，其排放量將分別擴大一倍和兩倍，而俄羅斯（世界第四大排放國）也提出了將大幅增加排放量的投資。

---

[14] "Synthesis report on the aggregate effect of the intended nationally determined contributions." UN, FCCC, Conference of the parties twenty-first session, October 30, 2015. http://unfccc.int/resource/docs/2015/cop21/eng/07.pdf.

[15] UNEP (2019). Emissions Gap Report 2019. *Executive Summary*. United Nations Environment Programme, Nairobi. https://www.unenvironment.org/resources/ emissions -gap-report-2019.

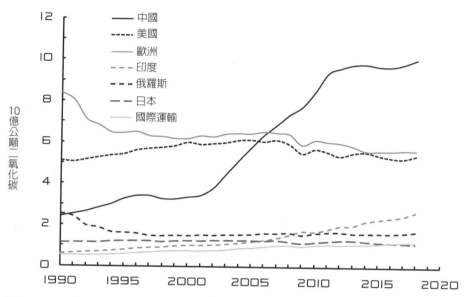

圖12.5　1990年至2018年部分國家和國際運輸的年度二氧化碳排放。

在全球化的世界中，排放限制必須在所有地方實施才有效，否則像製造業這樣的碳密集型活動將只是轉移到沒有限制的地區。我們還沒有看到國際社會認真考慮當低排放國家進口高排放國家製造的商品時「所體現的」排放量。歐盟已經提議徵收碳邊境稅，為所有國家提供公平的排放競爭環境，並保持產業的競爭力。[16]但即使所有成員國原則上同意，我猜測確定的實施細節將引發漫長而具爭議的談判，並且終將失敗。

任何有效的政策都必須涵蓋全球所有的主要排放國，這是減少人類影響挑戰的關鍵所在。富裕國家有資源在保持繁榮的同時減少排放，而且許多國家已經開始走上這條道路。他們能走多遠或將走多遠無法確定，部分原因是建立最小排放的社會會有成本和干擾。然而，發展中世界面臨著一系列更為直接和緊

[16] Allan, Bentley B. "Analysis | The E.U.'s Looking at a 'Carbon Border Tax.' What's a Carbon Border Tax?" *Washington Post*, October 23, 2019. https://www.washington post.com/politics/2019/10/23/eus-looking-carbon-border-tax-whats-carbon -border -tax/.

迫的問題（包括充足的能源、交通、住房、公共衛生問題，如清潔水和衛生設施，以及教育，更不用說從COVID-19中恢復）。這些問題的重要性和緊迫性使得減排成為較低優先的事項，事實上，解決其中許多問題實質上會增加排放量。除非低度排放技術被開發到基本上成本與正常排放技術相當的程度，或者像綠色氣候基金這樣的努力變得更加具體，否則人們很自然地會問：「誰會付錢給發展中國家不排放？」十五年來，我一直向許多人提出這個簡單的問題，但還沒有聽到令人信服的答案。

樂觀主義者會說，緩解的努力總得有個開始，經由提高對問題的認識，每五年審查各國的排放量，並確保削減承諾，無論多麼不充分，《巴黎協定》是在漫長而極具挑戰性的旅程中邁出的第一步。但是，考慮到即使是這些適度步驟的自願性質和迄今為止的紀錄，我們有充分的理由懷疑《巴黎協定》2030年的目標是否能夠實現。同樣現實的長期觀點是，世界不大可能在2075年之前實現淨零排放，更不用說提早到2050年了，因此人類社會將主要以適應來應對。我屬於後一個陣營，而且我有幾位卓有見識的陣營夥伴。

第十三章

美國能實現淨零碳排嗎？

　　我曾經問過一群美國的富裕聽眾，他們是否真正理解明年消除他們的「碳足跡」代表著什麼。也就是說，將與他們個人行為相關的排放清零。航空旅行、大型住宅（當然還有第二寓所）和肉類食品都將**禁止**。雖然有些人對「人造肉」（meatless meat）感興趣，但對這些禁令都沒有太多熱情。更多人則認為，模糊、不明確的「技術」和「政策」可以讓他們的子孫在沒有太多痛苦情形下實現「碳中和」（carbon-neutral）的生活。

　　能源使用的轉變必須全球所有國家進行，即使世界上大多數人需要更多的能源來獲得在已開發國家中認為理所當然的最低生活品質。各國在發展程度、經濟性質、能源資源、氣候和現有能源系統方面差異很大。除了技術、經濟、政策和行為都必須發揮作用之外，很難對通向淨零排放未來的道路做出概括。可能對瑞士有用的東西對斯里蘭卡並不適用。但讓我們先只關注一個國家，並探討美國要實現溫室氣體淨零排放需要做些什麼。

　　顯然首先要看一下美國現在有哪些活動在排放溫室氣體。圖13.1顯示，交通、發電和工業活動占了絕大部分的排放，重要的是，在過去的三十年裡，主要的排放源和數量都沒有太大的變化。雖然前三個部門本身就是巨大的挑戰，但圖還中顯示，為了「實現淨零排放」，也必須面對農業、住宅和商業的排放，要麼直接減少，要麼採取抵消措施，如種植更多的樹木，以直接從大氣中清除二氧化碳。

美國年度溫室氣體排放（1990-2018年）

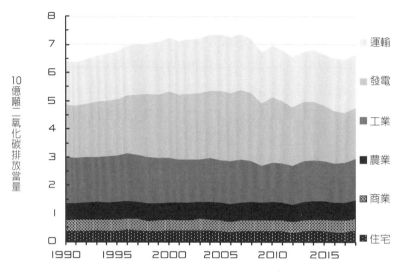

圖13.1　1990年至2018年美國各經濟部門溫室氣體排放情況。[1]

　　美國2018年排放總量與1990年相近，可以理解為在減排方面取得進展，因為在此期間，美國的人口成長了31%，實值GDP成長一倍。美國與能源有關的排放總量比2005年高峰值下降了16%，主要是因為天然氣取代煤炭的發電燃料變化。能源密集型製造業的外包也發揮了作用，儘管值得注意的是，這只是將排放量轉移到其他國家。最後，這種「進步」的問題是，從2005年起每年平均減少1%毫無意義，這既是濃度與排放間關係的科學現實，也因為需要全球性減排才有意義。雖然美國的排放量在2005年後有所下降，但全球排放量仍然增加了約三分之一（見圖3.2）。

　　由COVID-19新冠疫情引起的經濟放緩顯示，迅速減少排放極具挑戰。與2019年同期相比，2020年上半年全球二氧化碳排放量僅下降了8.8%，其中40%的減排量來自地面運輸，22%來自電力部門。而且，隨著限制措施鬆綁，許多

---

[1]　"Inventory of U.S. Greenhouse Gas Emissions and Sinks." Environmental Protection Agency, April 13, 2020. https://www.epa.gov/ghgemissions/inventory -us - greenhouse-gas-emissions-and-sinks.

國家的排放量迅速回升。[2]

　　能源系統的結構性變化需要幾十年的時間。圖13.2顯示，隨著1950年後美國的發展，能源需求強勁成長，而需求是由化石燃料（石油、煤炭和天然氣）增長來滿足的。20世紀70年代引入的核電增加了供應，但沒有取代任何其他能源。但在最近幾十年，隨著需求成長放緩，用於發電的煤炭已被壓裂法生產的廉價天然氣所取代，並且可再生能源（風能和太陽能）的成長可以小幅取代化石燃料。即使新的能源來源已經上線，舊的能源也沒有消失。例如，你可能會很意外，木材（在19世紀是最主要的能源來源）提供的能量在當今與美國內戰時相同，儘管其他能源自內戰以來有了大幅成長。

美國能源來源（1950-2019年）

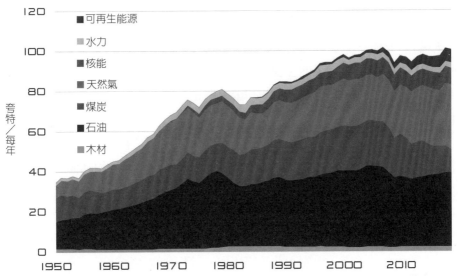

圖13.2　1950年以來美國的能源來源。年度能源使用量以夸特為單位（一夸特約為10^{18}焦耳）。可再生能源包括風能和太陽能。[3]

---

[2]　Liu, Z., P. Ciais, Z. Deng, et al. "Near-real-time monitoring of global CO2 emissions reveals the effects of the COVID-19 pandemic." *Nature Communications* 11 (2020). https://www.nature.com/articles/s41467-020-18922-7.

[3]　US Energy Information Administration (EIA). "Table 1.1. Primary Energy Overview." EIA, Monthly

能源系統變化緩慢是有道理的。[4]其中一項重要原因是，能源的輸送必須高度可靠，當燃料供應中斷或停電時，社會運作就會停頓，混亂隨之而來。事實上，在美國人們期望區域電網（不是將電力分配給用戶的配電系統）在十年內中斷時間不應超過一天。高可靠性是經過數十年的硬體和操作程序的開發和優化才得以實現。因此自然會採取非常保守的方法來進行改變，包括引進新技術（這麼做是必須的）。

阻礙變革的另一個因素是，能源供應設施，如發電廠或煉油廠，需要大量的前期投資，並持續服役幾十年（在這期間內投資逐漸得到回報）。它們還必須與其他基礎設施相容——例如，燃料、加油基礎設施和車輛都必須一起運作。此外，這些能源設施（在美國幾乎都是私營部門）提供同質性產品。無論是來自風力發電機、核電廠還是燃煤電廠，電網中的電子都是相同的。同樣地，用於運輸的燃料分子在同一類別內標準化（儘管要滿足不同地區的空氣品質法規）。因此，對於建設和營運能源供應系統的人來說，成本和可靠性是在滿足安全和監管要求之外的主要考慮因素。能源使用系統的演進比能源供應系統的演進要快一些，儘管美國的汽車能在路上行駛十五年之久，但建築物在幾十年後才會更新換代。

能源系統的變化也很緩慢，因為能源對每個人都很重要，對我們做的每件事都很重要。在已開發的社會中，使熱能、光能、行動能力和其他許多事物得以實現的能源基礎設施隨處可見，從電線、加油站到你插入冰箱的插座。它們是如此無處不在，以至於我們在日常生活中視之理所當然。然而，無處不在的現象不僅產生了上述的可靠性要求，而且還產生了許多不同的參與者的直接利益：產業界、消費者、政府和非政府組織。這些利益往往並不一致，使得任何改變在大原則上就已經很難達成一致，更別提在細節了。例如，對於輸油管線的路徑或發電廠的選址，往往會有長達數年的爭論。

Energy Review. Accessed December 1, 2020. https://www.eia.gov/totalenergy/data/browser/.

4 Koonin, Steven E., and Avi M. Gopstein. "Accelerating the Pace of Energy Change." *Issues in Science and Technology* 27 (2011). https://issues.org/koonin/.

因此，雖然「曼哈頓計畫」（Manhattan Project）經常被作為例子引用，但它並不是思考能源變革非常恰當或有用的例子。真正的曼哈頓計畫在20世紀40年代初為單一客戶（美國軍方）生產一些具形的原子彈「裝置」；它並不改造已經嵌入整個社會的大型系統，也沒有與現有的勢力競爭，因為我們已經有完全可用的電力和燃料供應方式。曼哈頓計畫是祕密進行的，所以公眾輿論和接受度不是問題（儘管事後證明，蘇聯經由間諜知道這個祕密）。最後，它的預算幾乎不受限制（國家戰時的優先事項）。而目標在生產當前能源系統替代品的人不僅要擔心成本，而且還要評估消費者端的能源價格。這些共通範疇的差異（如保密），也適用於通常以「機會渺茫」（moon shot）比喻的1960年代美國太空計畫。[5]因此「能源革命」的說法自相矛盾。反之，實現大規模的能源變革——即減少足夠多的排放以產生影響——將是緩慢的過渡過程，更像是齒列矯正而非拔牙。

━━━━━

為了使溫室氣體排放減少到足以（並且足夠快）在可預見的未來穩定人類對氣候的影響，政策（能源系統創建和運作的規則）必須有巨大的變化。一種可能性是全面監管：**燃煤電廠應在十年內停止運作，或2035年後禁止出售新的汽油動力汽車。** 或是政府可以對排放到大氣中的每一噸溫室氣體實施經濟處罰來鼓勵降低排放。類似「碳定價」（carbon price）可由稅收或排放權市場來創造，排放者可以購買和出售政府頒發的許可證，賦予他們排放二氧化碳的權利。不管是什麼機制，很明顯，即使在美國加速能源轉型也需要幾十年時間。

為了產生預期效果，溫室氣體政策（即「氣候政策」）必須有些特點：

一致性：政治時間尺度是幾年，商業時間尺度是季度，而新聞週期是天或幾小時。但二氧化碳在大氣中停留幾個世紀，而能源基礎設施則存在幾十年；排放政策也必須在幾十年內保持一致。對投資人而言，額外投資十億美元在持

5　　Stout, David. "Gore Calls for Carbon-Free Electric Power." *New York Times*, July 18, 2008. https://www.nytimes.com/2008/07/18/washington/18gorecnd.html.

續五十年的低排放電廠，他們將需要合理的預期，即這些減排量在幾十年後仍具價值（這比幾屆國會和總統任期都要長）！

美國（像幾乎所有的國家一樣）沒有很好的能力來處理減少溫室氣體排放所需要的漫長時間尺度。我們看到政治人物們相互競價，提出在未來三十年內通過甚至在他們卸任後才開始的計畫，以實現更大的減排量。我們看到歐盟國家之間，以及歐盟產業與政府間對減排的討價還價表明，實施這些計畫並不容易。排放政策必須不受政治風向的影響，就像美國將其貨幣政策和利率政策決策權交給美聯儲來隔離政治影響一樣。

詹姆斯・麥迪遜（James Madison）在兩百多年前寫下〈聯邦黨人第62號文〉（*Federalist Paper No. 62*），顯示他瞭解可預測政策的重要性。[6]他解釋美國政府為什麼需要比眾議院更深思、穩定的參議院；在他列出的超過六點的理由中，以下理由與當今能源政策的挑戰高度相關：

> 從另一個角度來看，一個不穩定的政府會造成巨大的傷害。對議會缺乏信心會損及每一項有用的事業，而這些事業的成功和利潤可能取決於現有規劃的延續。哪個謹慎的商人會在任何新商業領域中冒險，因為他不知道他的計畫可能在執行之前就被宣布為非法？當農民或製造商無法保證他的準備工作和進步不會使他成為一個反覆無常的政府的受害者時，他會為鼓勵任何特定的種植或設施而付出自己的努力嗎？

重要性：溫室氣體排放必須大幅減少，才能開始穩定人類對氣候的影響；通常的社會反應是實施部分解決方案並宣布勝利，這可能會延遲影響，但不會帶來緩和。這代表某些事物或某些人必須做出重大改變，意味著政治上的反彈。

---

6   Hamilton, Alexander or James Madison (as credited on site). "Federalist No. 62." Library of Congress, Research Guides, Federalist Papers: Primary Documents in American History, Federalist Nos. 61-70. Accessed December 1, 2020. https://www.congress .gov/resources/display/content/ The+Federalist+Papers#The Federalist Papers-62.

　　從圖13.1可以看出，三個主要部門（電力、交通和工業）排放規模相當。但它們受整體經濟內的碳價格的影響是非常不同的。例如，2019年美國約有四分之一的電力以煤為燃料，每噸煤的售價約為三十九美元。[7]如果每噸二氧化碳排放的碳定價為四十美元，那麼發電廠經營者的成本將增加一倍，因此將有力促使他們放棄使用煤。相比之下，同樣的碳定價將使原油的有效價格（effective price）在每桶六十美元以上時僅增加約40%。而如果這些成本轉嫁到加油站上，每加侖汽油將只增加約0.35美元。由於與歷史上汽油價格的變化相比漲幅並不明顯，所以消費者不會有太大的動力放棄汽油。因此，減少電力（及熱能）的排放比減少交通的排放要容易得多，主要原因是石油的每一碳原子所包含的能量比煤炭要多。

　　聚焦：減排政策如果專注於減少排放將是最有效的。然而考慮到確保民意支持的政治需求，排放政策不可避免被其他不相關的問題所沖淡，如貿易保護主義、能源安全或促進特定技術。例如，美國徵收的關稅[8]大大增加太陽能電板的成本，而歐盟則對節能燈泡徵收高額進口關稅。[9]許多州政府電力標準要求一定比例的可再生能源，而不是單純的**低碳**。這不利於核電，而核電是最重要的低排放技術之一。當減少排放的行動因與其他目標混淆而被削弱時，它掩蓋了我們正面臨迫在眉睫的生存危機的主張。

　　系統思維：能源是由系統生產和供應，因此集中精力改變拼圖中的一部分可能不僅沒有效果，甚至會產生反作用。提高依賴快速變化氣象（風力發電和太陽能發電）發電方式的比例將威脅到電網的可靠性，除非有可靠的備用電源

7　US Energy Information Agency (EIA). "Frequently Asked Questions (FAQS)." EIA, November 2, 2020. https://www.eia.gov/tools/faqs/faq.php?id=427&t=3; US Energy Information Administration (EIA). "Coal explained—Coal prices and outlook." EIA, October 9, 2020. https://www.eia.gov/energyexplained/coal/prices -and -outlook.php.

8　Green, Miranda. "Analysis: Trump Solar Tariffs Cost 62K US Jobs." The Hill, December 3, 2019. https://thehill.com/policy/energy -environment/472691 -analysis -trump-solar -tariffs-cost-62k-us-jobs.

9　Agence France-Presse. "EU Approves Anti-Dumping Penalty on Chinese Light Bulb." *Industry Week*, October 15, 2007. https://www.industryweek .com/the -economy/ regulations/article/21956186/eu-approves -antidumping -penalty -on - chinese -light-bulb.

可以在短時間內調度。同樣地，只有當生產和輸送燃料的系統存在時，車輛才會發揮作用。

2011年時，我領導能源部四年一度的技術審查，制定政府對新興清潔能源技術的支持戰略。在一次公眾會議上，我面對的是四種不同汽車技術的宣傳人員：生物燃料驅動的內燃機、壓縮天然氣、氫動力燃料電池和充電式電池動力。他們每個人都認為自家技術是未來的最佳願景，而政府所要做的就是支持發展適當的燃料基礎設施。當我提醒他們，國家能大規模部署的新燃料技術可能不超過兩項時，爭辯隨之而來。有幾個原因讓我相信電力將為未來的乘用車提供燃料，其中之一是現有電網對建設充電基礎設施是好的開始。但若要全面過渡到充電式電動汽車，系統思維將更加重要，因為電力和運輸系統將必須整合，以因應數百萬輛需要充電的電動車。

技術實用性：許多政策制定者認為，我們只需要制定正確的法規和經濟鼓勵措施，就能看到新技術的開發與部署。但科學家和工程師知道，任何技術都必須遵守強大的物理限制。例如，任何政策都無法規避熱力學第二定律對能源效率的基本限制：我們無法「創造」能源，只能將能源由一種形式轉化為另一種形式，而轉化過程總是要「消耗」一定數量的能源。

政策制定需要以技術知識為依據才有效。對於技術在十年左右的時間裡會（或不會）有多快的發展，我們可以做出合理判斷。我們必須根據技術的量產能力、經濟性和改進潛力來評估技術。部署無效而「感覺良好」的技術有三個缺點：除了明顯的無效問題外，還會因為製造行動**假象**而降低了緊迫性；也許最糟糕的是，它將資源從更迫切的需求被轉移走。我們的食用油老朋友是個好例子：用過的植物油可以加工成「碳中和」（carbon neutral）的生質柴油。雖然這可能解決如何處理廢油的問題，但我們無法炸出夠多的馬鈴薯來使排放產生重大變化。就算全世界每年使用的兩億公噸植物油**全數**加工成生質柴油，也僅能滿足全球一**天**的柴油需求。誠然沒有方案可以一舉解決問題，但有些方案較其他方案為家。

政府在支持基礎研究和研究尚未準備進入市場的技術方面發揮著重要作用，例如先進的太陽能、核分裂、核融合以及新一代生質燃料。但同樣重要的是，政府政策要在正確的時間促進技術的發展和部署：換言之，技術可能終將展現成效，但未必是當政府希望它是有效時。世界上有許多例子證明，過早部署技術成效不彰，卻耗資巨大。例如加州在2004年啟用的「氫氣高速公路」（hydrogen highway），十六年後，加州的三千五百萬輛汽車中只有七千多輛使用氫氣。氫動力汽車的成本（目前是汽油動力車的兩倍多）阻礙了更大規模的採用，也阻礙了加氫站的建設，現在加州只有四十四座加氫站，主要位於城市地區。[10]也許最重要的是，目前氫氣是由天然氣生產，過程會釋放出二氧化碳，而且至少在未來幾十年內都會如此，虛幻的「零排放」。

提倡節約而非效率：人們經常聽到，我們可以更有效率地使用能源來減少排放。浪費能源是壞事，但效率是我們如何更好地使用能源，而不是我們少使用能源，而**這**才是節約。對於減少排放的目的而言，節約才是最重要的。經濟學家知道「反彈效應」已經一百五十年了，意即效率提高往往導致比預期更少的節約。例如，如果你知道你的燈用電較少，你可能會更常保持燈亮。或者你可能更傾向於更常駕駛省油汽車而少開高耗油汽車。在我看來，促進節約唯一可靠方式是監管或提高價格，但這兩種方式對政府來說都是難以推行。

———

在有效的溫室氣體政策下，美國的能源系統會是什麼樣子？答案將從技術發展、經濟、政策和行為之間的複雜互動中產生。當然，有一些方法可以改變我們生產和使用能源的方式，且能大大減少美國的溫室氣體排放。[11]事實上，只要不違反物理定律，美國可以擁有任何想要類型的能源系統。但由於能源在社會中的核心作用，建立零碳排的能源系統將是全面性的破壞與重建，無論是經濟上還是行為上。問題是，國家是否會選擇投入必要的財政和政治資本來實

10　Cart, Julie. "California's 'Hydrogen Highway' Never Happened. Could 2020 Change That?" CalMatters, January 9, 2020. https://calmatters.org/environment/2020/01/why-california-hydrogen-cars-2020/.

11　International Energy Agency (IEA). "Clean Energy Innovation." IEA, July 2020. https://www.iea.org/reports/clean-energy-innovation.

現這一轉變。鑑於我所談到的障礙，國家也還要關注其他重要議題、資源的其他更具體和直接的需求，我認為這不大可能在短期內發生。

　　即使轉變真的發生了，也不會對氣候產生什麼太大的影響：美國只占全球溫室氣體排放的13%左右。當然有種說法是，世界其他國家會跟隨我們的步伐。但當他們的能源需求如此迫切，而減排的益處如此模糊時，他們有多大可能這樣做？

第十四章 ——————

備用計畫

隨著有效緩解溫室氣體排放的艱巨挑戰變得清晰，我對其他也許更可行的應對氣候變化策略越來越感興趣。其中一項策略是地球工程：如果人類排放溫室氣體和氣懸膠體，無意中對氣候產生了淨暖化的影響，我們是否可以刻意進行一些活動來抵消影響？更通俗地說，我們能否能「駭入地球」？另一策略是單純地適應氣候變化，既要對未來的可能性進行規劃，又要對現在的變化做出反應。地球工程和適應一起構成了「備用計畫」。

大多數確信氣候處於危機中的人迴避討論這些策略。然而在（我看來）不大可能發生的情況下，人類的影響將氣候推向某個「臨界點」，有害的變化發生得非常快（參考幾部拙劣好萊塢災難片的情節），世界將別無他法，只能嘗試適應措施和地球工程。因此，重要的是要知道有哪些選擇，並瞭解它們各自的優點、缺陷、成本、預期之外的副作用等等。事實上，對於任何相信「氣候災難」即將來臨的人來說，**不支持類似研究是不負責任的**，尤其是正如我們剛剛所見，目前的緩解努力極不可能成功抑制人類的影響。我們瞭解應變計畫在其他生活領域的重要性，因此我們購買保險，不建議學生只申請一所大學等等。當討論氣候問題時，把備用計畫探索視為對原來減碳計畫的努力的「背叛」是危險的錯誤想法。

——————

地球工程的概念由來已久，始於氣象變化。[1]控制氣象的可能一直是極為

---

[1]　McCormick, Ty. "Geoengineering: A Short History." *Foreign Policy*, September 3, 2013. https://foreignpolicy.com/2013/09/03/geoengineering-a-short-history/.

誘人，隨著人類對氣象運作原理的進一步瞭解，對物理過程的興趣取代了對神靈的懇求。19世紀30年代，人稱「風暴之王」（The Storm King），美國政府首位官方氣象學家詹姆斯・波拉德・艾斯比（James Pollard Espy），提議在阿帕拉契山脈森林中引燃「大火」來製造雲層誘發降雨。[2]不用說，國會和大眾對他的想法都沒有什麼興趣。

　　20世紀30、40年代時雲種散播（Cloud-seeding）實驗是為改變氣象進行更嚴肅、系統化的嘗試。1974年，蘇聯氣候學家米哈伊爾・布迪科（Mikhail Budyko）提出，如果氣候暖化成為緊迫的問題，可以在平流層中製造霧霾來冷卻地球，就像大型火山爆發後的自然冷卻一樣。因此當我在2000年代中期開始研究地球工程時，我並不是首位或唯一認為這是值得探索策略的科學家，即使只是為了瞭解可能存在的缺陷。

　　但我很快發現，任何向政府或非政府組織提及地球工程的回應都是避而不答，甚至是敵視。他們的重點是減少排放，任何偏離此目標的行為，尤其是會使世界繼續使用化石燃料的行為，都不在考量之內。

　　但科學家接受的訓練是探索所有可能解決問題的方案，而科學諮詢的重要部分是陳列所有選項，以及每個選項的優劣。因此我堅持瞭解並低調討論地球工程的問題。我最終獲得足夠支持，邀請其他九位不同領域的科學家，認真研究地球工程。資金來自當時新成立的諾敏基金會（Novim）；現在諾敏基金會繼續組建專家團隊，「以使非科學家也能理解的方式分析複雜的問題」。2008年8月，我們的小組舉行為期一週的會議，思考探索性地球工程研究專案應該是什麼樣子。諾敏基金會在2009年7月發布了正式的研究報告。[3]

　　當我在2009年5月加入美國政府工作時，地球工程在多數圈子裡仍是禁忌。總統的科學顧問約翰・霍德倫在當年4月僅因公開提到地球工程概念而引

2　Garber, Megan. "The Scientist Who Told Congress He Could (Literally) Make It Rain." *The Atlantic*, May 4, 2015. https://www.theatlantic.com/technology/archive/2015/05/the-scientist-who-told-congress-he-could-literally-make-it -rain/392219/.

3　Battisti, D., et al. 2009 IOP *Conf. Ser.: Earth Environ. Sci.* 6 452015. https://iopscience.iop.org/artic le/10.1088/1755-1307/6/45/452015.

發媒體風暴，不久之後他就被迫撤回。[4]政府高層隨後阻止我為基於諾敏研究的探索性地球工程專案提供資金。政府的任務同樣是將重點放在減少排放上。

　　但十年之後，隨著減少排放的挑戰變得顯而易見，地球工程可以在較不激進的團體，甚至政府內部討論。英國皇家學會打破僵局於2009年9月發布的了研究報告，[5]值得讚許的是，美國國家學院在2015年發布了兩種不同方式「干預氣候」（Climate Intervention）的報告，也就是我們即將討論的地球工程策略。[6][7]

　　至少有兩種方法可以應對地球暖化：一是提高一些地球的反射率（增加反照率），這樣地球從太陽吸收的能量就會少一些。這種策略稱為太陽輻射管理（Solar Radiation Management, SRM），無論暖化是來自自然或人類影響皆適用。另外，我們可以移除二氧化碳（Carbon Dioxide Removal, CDR），如同字面意義：從大氣中抽取一些二氧化碳，直接抵消人類排放。這兩種策略的實際挑戰和潛在影響（正面與負面）方面非常不同，但都值得討論。讓我們從SRM開始談起。

　　近兩個世紀以來，人類一直在無意中增加地球的反照率，因為含硫煤炭的燃燒在低層大氣中產生微小顆粒（氣懸膠體），提高了地球的反射率。我在2004年加入英國石油公司後的第一項估算就是與氣懸膠體冷卻效應有關。該公

[4]　Revkin, Andrew C. "Science Adviser Lays Out Climate and Energy Plans." *New York Times*, April 9, 2009. https://dotearth.blogs.nytimes.com/2009/04/09/science-adviser -lists-goals-on-climate-energy/.

[5]　"Geoengineering the Climate: Science, Governance and Uncertainty." The Royal Society, September 1, 2019. https://royalsociety.org/topics-policy/publications/2009/geo engineering-climate/.

[6]　National Research Council of the National Academies. *Climate Intervention: Reflecting Sunlight to Cool Earth.* Washington, DC: The National Academies Press, 2015. https://www .nap.edu/catalog/18988/ climate-intervention-reflecting -sunlight -to-cool -earth.

[7]　National Research Council of the National Academies. *Climate Intervention: Carbon Dioxide Removal and Reliable Sequestration.* Washington, DC: The National Academies Press, 2015. https://www.nap.edu/catalog/18805/climate -intervention -carbon-dioxide -removal-and-reliable-sequestration.

司正在開展一項運動，將天然氣打造成「通往低碳未來的橋樑」，因為天然氣每單位能源產生的二氧化碳只有煤炭的一半。然而我很快就很容易地估算出，減少二氧化碳的排放中，大部分會被減少燃燒煤炭而損失的氣懸膠體冷卻效應所抵消。當我指出這點時，英國石油公司管理層並不高興。

我們有很多方法可以進一步提高反照率，包括在建築物漆上「白色屋頂」，以生物工程提高農作物反射率，用海洋表面微氣泡提高海洋反射率，以及在太空中架設巨大的反射器，以上僅列舉幾例。然而在平流層製造氣懸膠體可能是產生全球規模影響的最合理方式。在大規模火山爆發後自然出現的平流層霧霾，在顆粒沉降到地面前，明顯使地球冷卻了幾年。正如我們在第二章中所見，火山灰冷卻效應在全球溫度紀錄中相當明顯。

目前的技術完全有能力製造平流層霧霾，包括噴氣燃料添加劑或在高空散布氣態硫化氫（H_2S，聞起來像臭雞蛋）。這不是一次性工作：霧霾必須不斷添加，因為顆粒會在一兩年內沉降到地面。每年添加到平流層的硫化物數量，將只需要目前人類在低海拔高度排放量的十分之一，因此對健康的直接影響將會最小。而且預期成本很低，一個小國甚至一位富豪都可以自己獨立執行整個項目。據我所知，對於飛機的「化學凝結尾」是祕密地球工程證據的說法完全沒有根據。

但太陽輻射管理有幾個重要缺陷。首先，如果霧霾無法持續，當冷卻影響消失時，全球溫度將迅速反彈（這就像在艷陽下突然收起陽傘）。第二，增加反照率並不能完全抵消溫室氣體的暖化：溫室氣體不分晝夜在全球各地產生暖化效應，而反照率的改變只在反射陽光顯著的時段和地區才會降溫；它在夜間沒有效果，而冬季效果較差，特別是在高緯度地區。氣候模型還表明，SRM會引起降水和氣候系統其他方面的微小變化，儘管這些變化與僅由溫室氣體引起的變化不同，而且根據地區條件，各地的變化也不盡相同。簡而言之，可能會產生附帶影響，至少對某些人來說，可能比我們試圖抵抗的暖化更糟糕。

因此，即使在技術上和經濟上是可行的，SRM也會引起棘手的社會問題，需要國際間合作。誰來決定是否應該進行SRM？毫無疑問，在由此產生的氣候變化中會有贏家和輸家；如果對某些人有害，是否會有補償？由於很難確定氣候和氣象現象的原因（依據我們在這方面的不良紀錄），哪些變化該歸因於SRM？

　　然後還有道德問題，伴隨以刻意擾亂氣候的行為而來的，無疑是公眾的強烈反彈。更重要的是，由於成本低到小國、次國家級組織，甚至一位富豪都可以「率意執行」，也有可能出現無賴的SRM。世界該如何應對這種狀況？

　　然而，太陽輻射管理值得認真研究，事實上，美國國會最近已經為探索性研究提供了資金。[8]這項工作首要部分應該是對氣候系統進行更仔細和密集的監測，以建立基線判斷干預的效果。對未來火山噴發影響進行密集的觀察也很重要。幸運的是，這些監測也將提高我們對氣候系統本身的更好理解。

　　除了監測之外，我們還必須開始問，**該批准哪些實地實驗？**以及**誰，以什麼程序，可以批准這些實驗？**科學界和政策智庫剛剛開始努力解決這些問題。由於我們在前幾章中已經看到，極端氣象事件幾乎沒有顯示出即將發生氣候災難的跡象，所以人類很有時間來釐清細節。

———

　　我們能以直接移除大氣中的二氧化碳，以地球工程方式解決部分變暖化問題，取代提高地球反照率。CDR是緩解措施的孿生兄弟：由大氣中移除二氧化碳，而不只是減少排放二氧化碳。

　　CDR似乎有些優勢。它將使「這是誰的二氧化碳」問題不那麼重要，從而減少爭議；分配排放責任是目前國際減排努力的最大障礙之一。CDR還將允許根據需求、經濟和技術的需要繼續使用化石燃料（儘管有些人認為這是缺點）。最後，由於CDR是直接「消除」人類的影響而發揮作用，因此可能沒有什麼需要憂慮的附帶影響，CDR只是將二氧化碳濃度恢復到原本的水準。

　　設計可以直接從大氣中捕獲二氧化碳的化工廠並不困難。捕獲技術類似

8　Fialka, John. "NOAA Gets Go-Ahead to Study Climate Plan B: Geoengineering." E&E News: Climatewire, January 23, 2020. https://www.eenews.net/climatewire/2020/01/23/stories/1062156429.

於發電廠排氣系統中使用的技術，[9]儘管還有必須在系統中移動大量空氣的挑戰。因此，真正的問題是規模和成本。

減少人類影響所需清除的二氧化碳規模令人望之生畏。全球每年消耗的能源原料是以十億公噸計算。全世界每年大約使用四十五億公噸石油和八十億公噸煤，因此即使每年去除一百億公噸二氧化碳（大約是目前排放量的三分之一），也需要相對應的基礎設施來捕獲和處理這些原料。不消說，這並不便宜。最新的估計是，捕獲和壓縮一噸二氧化碳的成本將高達一百美元，代表每年消除一百億公噸二氧化碳的成本至少為一兆美元。[10]

另一個問題是該如何處理從大氣中抽取的二氧化碳。目前全球每年只使用二億公噸的二氧化碳：大約1.3億公噸用於生產尿素（肥料），八千萬公噸用於提高石油產量（「注入井」將二氧化碳打入油田，讓地下石油向「生產井」移動）。目前二氧化碳的使用量僅有需清除量的百分之一，無法消耗由空氣中抽取出的二氧化碳。不幸的是，很難想像會出現重大的新用途。除燃料之外，全球最大的原料流動是水泥（每年略小於三十億公噸）和塑膠（每年約五億公噸）。而且由於二氧化碳是燃燒燃料生產能源的產物，將其變回燃料需要消耗更多能源（想必是以「清潔的」方式）。簡言之，處理從大氣中移除二氧化碳的最好辦法是將之封存在地下或海洋中。不用說，以所需的規模來看將是艱鉅的工程。

與其使用化工廠來清除大氣中的二氧化碳，另一個選項是使用天然植物（植被）來清除。如第三章的討論，每年大約有二千億公噸的碳以季節性循環在地表和大氣之間流動，因此或多或少處於平衡狀態。從地下挖出化石燃料，人類每年在這循環中增加約八十億公噸的碳（以三百億公噸的二氧化碳形式）。其中約有一半經由光合作用吸收。如果我們能夠誘發更多光合作用，就

[9] American Physical Society, APS Panel on Public Affairs. 2011. *Direct Air Capture of CO2 with Chemicals.* American Physical Society. https://www.aps.org/policy/reports/assessments/upload/dac2011.pdf.

[10] Keith, David W., Geoffrey Holmes, David St. Angelo, and Kenton Heidel. "A Process for Capturing CO2 from the Atmosphere." Joule 2 (2018): 1573-1594. https://www.cell.com/joule/fulltext/S2542-4351 (18) 30225-3.

可以消除更多的二氧化碳。[11]雖然我們現在可以植樹，但需要幾十年生長的森林緩不濟急，儘管可以長期清除二氧化碳，但無法應對需要啟動SRM地球工程規模的「氣候緊急情況」。而且我們還不瞭解森林可以吸收多少二氧化碳，或者大面積的新生森林對生態的影響是什麼。

　　最近美國政府一直在推動大規模的研究計畫，以改善二氧化碳移除技術。[12]這方面研究無疑可以取得進展，例如應該有可能進行植物基因改造，使之更有效率捕獲和儲存碳（儘管伴隨廣泛種植基因改造植物而來的肯定是環境擔憂）。[13]即便如此，我很難想像這可以在有意義的規模上實現減少人類對氣候的影響。然而，如果從大氣中清除二氧化碳的成本能夠低於當前碳定價，那麼就可能有利可圖。正如氣候／能源業務中經常出現的情節，在財務上可能表現良好，而實際上卻沒有多大作用。

　　讓我們談一談另一個備用計畫：適應措施。

　　我在南加州生活了三十年，當地的地震是不快的現實。正如美國地質調查所說：

> 南加州地區每年大約有一萬次地震。其中多數地震規模都很小，因此人們感覺不到。只有幾百次大於規模3.0，僅約十五至二十次大於規模4.0。然而如果發生大地震，系列餘震將在多個月內產生更多各規模的

---

[11]　Buis, Alan. "Examining the Viability of Planting Trees to Help Mitigate Climate Change." NASA, Global Climate Change: Vital Signs of the Planet, November 11, 2019. https://climate.nasa.gov/news/2927/examining -the-viability -of-planting -trees-to -help -mitigate-climate-change/.

[12]　Schwarber, Adria. "Moniz Making Case for $11 Billion Carbon Removal Initiative." American Institute of Physics, November 19, 2019. https://www.aip.org/fyi/2019/moniz-making-case-11-billion-carbon-removal-initiative.

[13]　Busch, Wolfgang, Joanne Chory, Joseph Ecker, Julie Law, Todd Michael, and Joseph Noel. "Harnessing Plants Initiative." Salk Institute for Biological Studies, 2020. https://www.salk.edu/harnessing-plants-initiative/.

地震。[14]

小地震只是滋擾，但較大的地震會破壞建築物和道路，並可能造成人員死亡。在過去一世紀中，加州的地震已經造成數百人死亡，數千人受傷。地震完全是自然現象，我們無法阻止，而且地震的發生我們無法預測，除了在統計意義上。

儘管有地震的危險，我和我的家人並沒有急於搬離帕薩迪納：氣象、社區和加州理工學院是強大的吸引力。然而與南加州的數百萬居民相同，我們確實採取了預防措施。我們把房子用螺栓固定在地基上，把架子固定在牆上，我們購買地震保險，儲備幾天的食物和水，我們教孩子進行地震安全演習，並制定緊急聯絡和旅行計畫。我們家庭的措施與整個社會的措施相輔相成，建築法規、應急反應人員（first-responder）的準備工作，以及現在的預警系統都有助於將地震造成的損失降到最低。簡言之，我們都適應了，無論是個人還是社區：塑造我們的基礎設施和行為，以便在選擇居住的地方茁壯成長。生活在其他地方的人們，面對其他自然危害，如頻繁的洪水和季節性風暴，也以其他類似的方式進行了適應。

由於有效減少人類排放的巨大挑戰，以及各種憂慮使地球工程可能只在**極端情況**下部署，似乎可以肯定的是，我們減少排放的努力即使不是絕大部分，至少也將是以適應行為補充。把適應放在第二部分開頭提到問題的脈絡下檢視：這不是關於我認為人類**應該**做什麼的表態；而是我對人類**將**做什麼的判斷。

以下是我為什麼認為適應**將**是人類應對氣候變化的主要做法：

● **適應是不可知論的（agnostic）**：幾千年來，人類不斷成功適應氣候變化，而且在大部分時間裡，他們是在對什麼（除了復仇的神靈）可能

14 US Geological Survey. "Cool Earthquake Facts." USGS. Accessed November 27, 2020. https://www.usgs.gov/natural-hazards/earthquake-hazards/science/cool-earthquake-facts.

導致氣候變化毫無所知的情況下適應。雖然我們現在擁有的資訊將有
助於指導適應策略，但社會可以適應氣候變遷，無論是自然現象還是
人類影響的結果。

● **適應是成比例進行**：若氣候變遷加劇，可以適度強化初始措施。

● **適應是在地化做法**：適應自然是針對不同地點的不同需求和優先事
務。因此適應措施在政治上更為可行。為「此時此刻」花錢（例如當
地河流的防洪）遠比為應對千里之外、兩代人之遙的模糊而不確定威
脅花錢更容易讓人接受。此外，地方適應措施不需要全球的共識、承
諾和協調，而這些程序在減緩氣候變化的努力中已被證實難以實現。

● **適應是自主行為**：適應是社會行為，而且從人類形成之初就持續在
做。例如幾個世紀以來，荷蘭人持續建造和改進堤壩，以便從北海索
取土地。適應會自然發生，無論我們是否為適應做規劃。

● **適應卓有成效**：人類社會已經在從北極到熱帶的各種環境中蓬勃發
展。適應氣候變化總是能夠減少負面影響，畢竟，我們不會為了讓事
態惡化而改變社會。

　　儘管適應的重要性顯而易見，而且可能與減少排放的努力相互影響，但
目前這兩種策略被分開處理，更多關注投注於減緩上。兩者不平衡可能是因
為適應是對自然氣候變化的「常規」反應，但也可能是由於我們沒有簡單的框
架來思考適應問題。我們有稱為「穩定楔子」（stabilization wedges）的排放框
架，[15]如圖14.1所示。這種方法評估一些減排策略，並給出每個策略在本世紀
可能達到的規模，從而輕鬆評估和比較每個策略的成本和效益。這個框架鼓勵
從「系統角度」來考慮如何確定各種策略的優先次序，以及它們之間如何相互
影響。「穩定楔子」已經產生具體的政策建議，如以收費或排放上限和交易的
排放定價，可再生電力標準和效率授權。

---

[15] Pacala, S., and R. Socolow. "Stabilization Wedges: Solving the Climate Problem for the Next 50 Years with Current Technologies." *Science*, August 13, 2004. https://science.sciencemag.org/content/305/5686/968.full.

穩定楔子

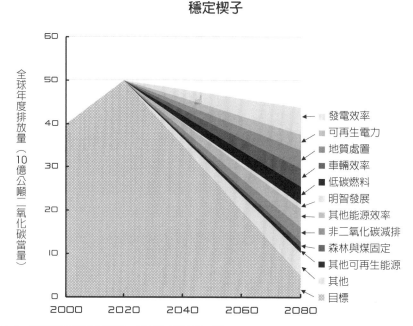

圖14.1　減排穩定楔子框架圖。數值為理論值。[16]

　　雖然「穩定楔子」的概念絕非完美，但確實提供了思考排放政策的有用方法。正如國家資源保護委員會（National Resources Defense Council）的大衛・霍金斯（David Hawkins）所說：

> 楔子概念有點像氣候政策分析的iPod。它是可理解、有吸引力的包裝，人們可以填入自己的內容。

　　到目前為止，還沒有類似的適應楔子來闡述各種適應措施的方法、成本、效率和政策槓桿。相反地，關於適應的討論充其量只是可能策略組成的混亂組合，辭藻多於內容。對適應的政策分析也相對不完善。雖然許多案例研究確定

---

[16] Morris, Stan. "Doing more with less CO2." AHEAD Energy Corporation, 2020. http://www.aheadenergy.org/.

可以減少不利氣候影響的適應措施，但明顯沒有解決如何施行問題，沒有對不同的適應策略進行成本／效益分析，也沒有對適應和緩解努力進行比較。而且很少關注從分析到審議再到行動所需的具體官僚、政治和財政變化。

如同多數課題，有效適應在較富裕社會中更容易實現，因為這些社會擁有體制和經濟資源，可以根據情況需求進行改變。未開發國家則更為脆弱。因此在全球促成適應的最佳方式是鼓勵未開發國家的經濟發展，加強其治理（如法治或制定和執行國家戰略的能力）。在這意義上，促成適應的任務變成了減輕貧困，即使無關氣候，減輕貧困也是好的發展。

當然，正如上文提到，如果我們瞭解未來的氣候影響可能是什麼，即氣候將如何變化，那麼我們今天在適應措施上的任何投資將最有效地減少未來氣候影響的負擔。不幸的是，我們已經看到，人們可能要適應的未來仍有很大的不確定性。除了像「海平面將繼續上升」的模糊說法還能提供指引之外，目前對區域和地方氣候的模型預測還遠遠不夠好。至少至少，我們應該為以前發生過的氣候變遷和極端氣象事件做好準備；但總體來說，唉，我們還沒有準備好。

結語

　　寫這本書是蒐集和綜合十五年來我在氣候和能源方面經驗的機會。我一開始以為，我們正處在一場拯救地球免受氣候災難的競賽中。從那時起，我已經轉變為公開的批評者，批評**偽科學**的呈現方式。而且在整個過程中，我一直都是學生和戰略家，不斷尋求學習更多知識，並關注如何改造能源系統以滿足不斷變化的需求。

　　氣候研究的豐富的主題讓我欽敬。沒有多少（**很可能沒有**）其他研究能將五千萬年的微化石成分與電網調節聯繫起來。人們對氣候的瞭解程度也讓我印象深刻，但我對我們知識中的巨大差距，以及這些差距告訴我們氣候系統的複雜性仍然有點意外。而且我對氣象領域多數研究人員對待研究課題的重視程度印象深刻。氣候在變化，人類發揮著作用，而全球能源需求也在增長；我們必須注意到這對未來可能意味著什麼。

　　但在這過程中我也感到沮喪。首先是部分受媒體和政客的影響氣候科學家歪曲科學的說法，然後是許多其他科學家默默與這些扭曲說法同謀。公眾應該得到更好的對待。以明顯誤導非專家群眾瞭解和不瞭解氣候變化的科學，他們剝奪了政府、產業和個人就如何應對做出正確決定的權利。

　　我也對人們，包括媒體，難以理解評估報告中的實際內容感到沮喪。在過去六年中，我在報紙上寫的評論文章是很好的補救措施，但文章在長度、技術水準和格式上都很有限（無法放上圖表）！這本書使我能夠講述更豐富，我希望更飽含實用資訊的故事。

　　我經常被問到：「什麼是重點資訊？」或「概要重點（elevator speech，譯注：直譯為電梯演說，意為對某主題在搭電梯時的概要介紹）是什麼？」我的回答通常是：「氣候和能源是複雜而微妙的主題。對『問題』或假定的『解決方案』的簡單描述不會導致明智的選擇。」如果我的乘客樂意進一步乘坐電梯，我們往往會進行更長時間的討論，我總是在結束時請他們不要相信我的話，而是要仔細研究數據和自己評估。

我最大的希望是，決策者、記者和更多公眾在閱讀這本書時能發現一些驚喜，然後他們會轉向科學家並說：「我已經檢查庫寧那傢伙說的評估報告中的一些問題，他是對的。為什麼我以前沒有聽說過這些事情？還有什麼是我不知道的？」這可能造成許多尷尬場面，但卻是最終必要對話的開始。

———

我刻意以描述而非灌輸方式來寫本書。我提出了一些事實，這些事實所蘊含的確定性和不確定性，以及為應對而做出的各種選擇。這是科學家在向非專家提供建議時應採取的適當立場，無論這些非專家是其他科學家、公眾，還是政府或行業的決策者，也無論主題是氣候和能源、核恐怖主義（nuclear terrorism）還是人類基因組計畫。但儘管負責任的科學家會小心翼翼地將**應該**問題與**可能**或**將要**的問題區分開來，但我們誰也無法避免特定觀點。我經常被問到：「那麼**你**認為我們應該對氣候做些什麼？」我覺得我有責任回應，現在我已經完成對事實的闡述，並做出回應。

我們可以從持續和改進對氣候系統（大氣層、海洋、冰凍層和生物圈）的觀測開始。如果我們希望瞭解氣候正在如何活動，它是如何被人類和自然影響的，以及未來可能會如何演變，觀測極為關鍵。我們已經看到，由人類影響導致的氣候變遷是微小或難以察覺，而且是在幾十年內發生的，所以精確和持久的觀測非常關鍵，即使面對機構或資金的變化無常也是如此。

我們還需要更好地理解我們建立的巨大而複雜的氣候電腦模型。在不同的排放情況下，大量的努力被投入到資訊量不大的模型模擬中。試著瞭解為什麼氣候模型在描述不遠的過去時失敗了，並且在預測未來時如此不確定，將會是更好的做法。簡而言之，應該有更多思考，並減少無益的計算。[1]

———

[1] As has been pointed out recently by one leader of the field; Emanuel, K. "The Relevance of Theory for Contemporary Research in Atmospheres, Oceans, and Climate." *AGU Advances* 1 (2020): e2019AV000129. https://agupubs.online library.wiley.com/doi/epdf/10.1029/2019AV000129.

我們需要改進科學本身，而這要從公開和誠實的討論開始，超越口號和論戰，並免於陰謀詭計的指控。科學家們應該歡迎辯論、挑戰和澄清的機會。科學始於問題；如果我們堅決認為這些問題都已經得到解答，就很難鼓勵新的研究。事實上，正如我在這本書中所述，關於氣候仍有許多重要，甚至是關鍵的問題尚未有定論。事實是，真正的科學永遠不會有定論，這就是我們取得進步的方式；這就是科學的意義所在。讓我們進一步瞭解，而不是複誦正統說法。

氣候科學也將以特意讓其他領域科學家參與研究氣候而獲得改善。氣候科學數據豐富且容易獲取，不但於科學上是有趣，對社會也極為重要。從氣候領域之外加入具有統計或模擬技能的科學家，將補充目前氣候領域的觀點。

我們還需要更好地溝通氣候科學。平衡成本和弊端、風險和利益的社會決策必須基於充分瞭解我們在科學理解中的確定性和不確定性。公眾應該得到完整、透明和不帶偏見的評估報告。如我在第十一章中描述的紅隊檢驗將是對氣候科學評估過程的有益補充；紅隊檢驗已經在其他重要國家重要而複雜問題上證明了功效。第一次紅隊檢驗可以納入對預期在2021年7月發布的聯合國第六次評估報告，或預計在2023年發布的美國政府國家氣候評估報告進行詳細的公眾審查。它可以專注於我提出的問題和我在本書中指出的錯誤陳述。這些即將發布的報告將如何處理最新一代模型的失能？他們是否會提到，更不用說是強調，颶風沒有長期的趨勢，或者預測氣溫升高3℃（遠高於巴黎目標）的淨經濟影響很小？我認為紅隊檢驗對評估報告是必要的，尤其是拜登政府正在宣導投入約二兆美元資金在氣候和能源問題上。

於此同時，我們需要減少氣候新聞中的歇斯底里。記者本身需要協助，才能更好理解他們所呈現的材料，而公眾需要工具，才能成為媒體對氣候（以及許多其他主題）報導的更具批判性的消費者。

追求「簡單」的減排也有意義，最明顯的是阻止甲烷洩漏。有一些甲烷從天然氣的生產和分配系統中洩漏；這是金錢的損失，所以有經濟動機來阻止洩漏（通常比氣候問題更能激勵生產者）。更特殊的溫室氣體的排放，如用於製冷劑和滅火器的氯氟烴（CFCs）和氫氟碳化物（HCFs），也可以在對社會沒有太大影響的情況下減少（遺憾的是，對降低人類影響的衝擊也同樣輕微）。

使減排具成本效益的效率也是容易實現的成果，特別是帶有有益副作用時。例如先進的燃煤發電廠將煤炭汽化而不是直接燃燒，也將減少當地污染並提高效率。對汽車而言，更多的高效汽油引擎，以及向油電混合車和電動車的轉變，既可以減少當地的化學和噪音污染，又可以減少依賴不穩定的全球石油市場，而強化能源安全。

減少排放第三個「簡單」步驟是進一步研究和開發低排放技術。成本和可靠性是判斷新技術是否可行的主要因素，重點應該放在克服這些障礙的進步上。小型模組化反應堆（modular fission reactor）、改良的太陽能技術，以及從長遠角度來看核融合都是極具前景的研究領域，就像如何在電網上高效率儲存大量電力一樣。雙贏的策略是開發和部署更高效但具成本效益的終端使用技術，從建築通風系統到家用電器，就像過去幾十年中照明技術的進步。特別有前景的項目是將基於資訊的功能使用於交通（如建議更快的旅行路線或更好地監測和控制引擎性能）和建築操作（例如關閉無人房間的暖器或冷氣）。

我們還需要就政府在這些工作中的適當角色進行坦誠的對話（支援多少研發，如何以及在多大程度上鼓勵部署新技術）。我在能源部的工作之一是在國會、行政部門和私營部門之間開啟類似對話；我希望這些討論即將恢復。至少在美國，政府在改造能源系統中的作用幾十年來一直是政治爭議。

我不大看好「強制和緊急」的去碳化，無論是以碳定價還是監管的方式。與實現在2075年達到全球淨零排放的目標所需的巨大變化量相比，人類對氣候的影響太難以確定（而且很可能太小）。對我來說，減緩措施的眾多確定缺陷超過了不確定的好處：世界上的窮人需要更多可靠和負擔得起的能源，而大規模的可再生能源或核分裂目前太昂貴或不可靠，或兩者皆是。我會等到科學變得更加肯定，也就是說等到氣候對人類影響的反應被更好地確定，或者，如果做不到這一點，等到價值共識出現，或者零排放技術變得更加可行，然後再開始進行對溫室氣體排放徵稅或監管，或者從大氣中捕獲和儲存大量二氧化碳的計畫。

我相信，減少二氧化碳排放的社會技術障礙（socio-technical obstacles）使得人類對氣候的影響很可能在本世紀無法穩定下來，更別說是減少了。當然如果這些影響變得比迄今為止更為明顯、嚴重，那麼成本和收益的平衡可能會發生變化，社會也很可能隨之發生變化。但如果這些情況會在短期內發生，我將感到意外。

主張我們只做低風險的改變，直到更好理解為什麼氣候在變化，以及在未來可能如何變化，這種立場有些人可能稱之為「舉棋不定」，但我更喜歡「現實」和「謹慎」的說法。我可以尊重其他人的意見，他們可能會得出不同的結論，就像我希望他們尊重我一樣。只有當我們意識到這些分歧最終是關於價值觀而非科學，這些分歧才能得到解決。

另一個審慎的步驟是更積極地推行適應策略。適應可以展現成效。如前一章所述，今天的人類生活在從熱帶到北極的氣候中，並且已經適應了許多氣候變化，包括大約四百年前相對較近的小冰期。有效適應將結合可靠的區域氣候變化預測，和評估各種適應策略的成本和效益框架。正如我們所見，我們離這兩點都很遠。因此，最好的策略是促進發展中國家的經濟發展和強大的政府機構，以提高其適應能力（以及他們積極進行其他許多事情的能力）。

最後，如果全球氣候出現嚴重惡化，不管是什麼原因，人類將明白刻意干預氣候系統（地球工程）是否是合理的策略。因此如上一章所討論，對地球工程選項的研究計畫是謹慎的做法，而且正如我所指出，對地球系統的嚴密監測將是地球工程研究計畫的第一步，無論如何，監測也會提高我們對氣候系統的理解。

簡而言之，我認為我們**應該**做的是，首先恢復科學告知社會關於氣候和能源決策的方式的誠信，我們需要從**偽科學**回到真科學。然後採取最有可能為社會帶來積極成果的措施，無論我們的星球未來會如何。正如拜登總統在他的就職演說中的告誡：「我們必須拒絕操縱事實，甚至製造事實的文化。」

致謝

這本書的編寫工作已進行了近三年。雖然只有我一個人對內容負責，但我很感謝一路上幫助我的許多人。

當然，這份名單是由我的父母開始。從很小的時候起，我的父親就傳授我對自然界和「事物如何運作」的好奇心，而我母親的活力和樂觀精神則支撐我的整個職業生涯。

我的妻子勞莉和孩子安娜、艾莉森和班傑明支持我寫這本書的決定，正如他們在我的職業生活中的支持。他們容忍我隨後幾年在他們的生活中缺席，使寫作變得較為容易，而他們持續閱讀草稿，協助我奠定表述的基礎。

我的經紀人，加瓦林經紀公司（Javelin）的基思・厄本（Keith Urbahn），同意我對氣候和能源的看法需要傳達給更廣大的受眾。

我的出版商，班貝拉圖書（BenBella Books）的格倫・耶費特（Glenn Yeffeth），有勇氣接手一本肯定會讓很多人不滿的書，儘管（或許是因為）本書是準確、坦率和易懂的。

我的編輯艾莉莎・史蒂文生（Alexa Stevenson）提出極富見地的問題，並巧妙重塑了我的文字和圖表。她的努力使這本書比原稿更好，可讀性更高。

威爾・哈珀（Will Happer）、威廉・范維恩加登（William van Wijngaarden）、約翰・克里斯蒂（John Christy）和德米特里斯・庫特索亞尼斯（Demetris Koutsoyiannis）等教授提供了數據或圖表，協助我講述科學內容。

許多人審閱《暖化尚無定論》的一或多份草稿。雖然並非所有的人都完全同意我寫的內容，但隨著這本書的成熟，他們的評論和見解對我非常有價值。在這些讀者有亨利・阿巴巴內爾（Henry Abarbanel）、凱薩琳・亞歷山大（Kathleen Alexander）、傑西・奧蘇貝爾（Jesse Ausubel）、沃夫岡・鮑爾（Wolfgang Bauer）、彼得・布萊爾（Peter Blair）、凱文・奇爾頓（Kevin

Chilton）、約翰・克利斯蒂（John Christy）、馬里烏斯・克羅爾（Marius Clore）、塔瑪・埃克勒斯（Tamar Elkeles）、南茜・福布斯（Nancy Forbes）、菲爾・古德（Phil Goode）、邁克・葛列格（Mike Gregg）、威爾・哈珀（Will Harper）、派翠克・霍根（Patrick Hogan）、巴里・霍尼格（Barry Honig）、徐道慧（Stephen Hsu）、尤金・伊洛夫斯基（Eugene Illovsky）、伊萊・雅可布（Eli Jacobs）、西摩 E 卡普蘭（Seymour Kaplan）、布萊恩・庫寧（Brian Koonin）、卡爾海因茨・蘭甘克（Karlheinz Langanke）、狄克・林岑（Dick Lindzen）、哈瑞特・馬塔（Harriet Mattar）、安迪・梅（Andy May）、丹・梅里昂（Dan Meiron）、羅柏・鮑威爾（Robert Powell）、羅伊・施韋特斯（Roy Schwitters）、諾亞・崔帕尼爾（Noah Trepanier）、克雷格・韋納（Craig Weiner）、大衛・惠蘭（David Whelan）、喬納森・沃特勒（Jonathan Wurtele）以及俞君（June Yu）。

關於作者

　　史蒂芬・E・庫寧博士是美國最傑出的科學家之一，他是美國國家學院院士，也是美國科學政策的領導者。

　　庫寧博士目前是紐約大學的教授，在史登商學院（Stern School of Business）、坦頓工程學院（Tandon School of Engineering）和物理系任教。他創建紐約大學城市科學與進步中心，該中心的研究和教育重點是為大城市蒐集、整合和分析大數據。

　　庫寧博士曾在歐巴馬總統時期擔任美國能源部科學副部長，工作包括氣候研究計畫和能源技術戰略。他是美國能源部戰略計畫（2011年）和首屆能源部四年一度的技術審查（2011年）的主要作者。在加入政府之前，庫寧博士在英國石油公司擔任了五年的首席科學家，研究可再生能源方案，使公司「超越石油」。

　　近三十年來，庫寧博士一直是加州理工學院的理論物理學教授，並擔任了九年的加州理工學院副校長和教務長，促成三百多位科學和工程學院教職人員的研究，推動全球最大光學望遠鏡的發展，以及計算機科學、生物工程和生物科學的研究計畫。

　　除國家學院外，庫寧博士還是美國人文與科學院（American Academy of Arts and Sciences）、美國外交關係協會（Council on Foreign Relations）和JASON（為美國政府解決技術問題的科學家團體）的成員；他曾擔任JASON的主席達六年之久。2014年至2019年，他擔任美國國家學院工程和物理科學分部委員會主席，自2014年以來，他一直是美國國防分析研究所（Institute for Defense Analyses）的理事。他目前是勞倫斯利佛摩國家實驗室（Lawrence Livermore National Laboratory）的獨立理事，並曾在洛斯阿拉莫斯（Los Alamos）、桑迪亞（Sandia）、布魯克海文（Brookhaven）和阿貢（Argonne）國家實驗室擔任過類似職務。他是紐約州古莫（Andrew Cuomo）州長的藍帶委員會的成員，以重新想像後COVID-19時代的紐約。

　　庫寧博士擁有加州理工學院物理學學士學位和麻省理工學院的理論物理學博士學位。他是獲獎的課堂教授，他的公開講座以清晰傳達複雜的主題而備受矚目。他是1985年經典教科書《計算物理學》（*Computational Physics*）的作者，該書介紹了建立複雜物理系統的電腦模型方法。他在物理學和天體物理學、科學計算、能源技術和政策以及氣候科學等領域發表了約兩百篇經同行評審的論文，並且是多本長篇報告的主要作者，包括兩份國家學院研究報告。

　　由2014年開始的一系列文章和講座，庫寧博士主張對氣候和能源事務進行更準確、完整和透明的公共表述。

Do觀點72　PB0045

暖化尚無定論：
氣候科學告訴或沒告訴我們的事，為什麼這很重要？

作　　者／史蒂文・庫寧（Steven E. Koonin）
譯　　者／紀永祥
責任編輯／洪聖翔
圖文排版／蔡忠翰
封面設計／蔡瑋筠

出版策劃／獨立作家
發 行 人／宋政坤
法律顧問／毛國樑　律師
製作發行／秀威資訊科技股份有限公司
　　　　　地址：114 台北市內湖區瑞光路76巷65號1樓
　　　　　電話：+886-2-2796-3638　傳真：+886-2-2796-1377
　　　　　服務信箱：service@showwe.com.tw
展售門市／國家書店【松江門市】
　　　　　地址：104 台北市中山區松江路209號1樓
　　　　　電話：+886-2-2518-0207　傳真：+886-2-2518-0778
網路訂購／秀威網路書店：https://store.showwe.tw
　　　　　國家網路書店：https://www.govbooks.com.tw

出版日期／2022年7月　BOD一版　定價／500元

|獨立|作家|
Independent Author

寫自己的故事，唱自己的歌

讀者回函卡

暖化尚無定論：氣候科學告訴或沒告訴我們的事，
為什麼這很重要? / 史蒂文.庫寧(Steven E.
Koonin)著；紀永祥譯. -- 臺北市：獨立作家，
2022.07
　　面；　公分
　　譯自：Unsettled : what climate science tells us,
what it doesn't, and why it matters
　　ISBN 978-626-95869-7-4(平裝)

　　1.CST: 地球暖化 2.CST: 全球氣候變遷 3.CST:
氣候學

328.8018　　　　　　　　　　　　111009653

國家圖書館出版品預行編目